FORSCHUNGSBERICHTE DES LANDES NORDRHEIN-WESTFALEN

Nr. 1387

Herausgegeben
im Auftrage des Ministerpräsidenten Dr. Franz Meyers
von Staatssekretär Professor Dr. h. c. Dr. E. h. Leo Brandt

Dipl.-Chem. Wolfgang Werner

im Auftrage der Deutsche Industrie-Werke Aktiengesellschaft Berlin-Spandau

Verbesserung der Eigenschaften von Sinterteilen durch Nachbehandlung

(Oberflächenveredelung, Korrosionsschutz)

WESTDEUTSCHER VERLAG · KÖLN UND OPLADEN 1964

ISBN 978-3-663-03960-0 ISBN 978-3-663-05149-7 (eBook)
DOI 10.1007/978-3-663-05149-7

Verlags-Nr. 011387

Gesamtherstellung: Westdeutscher Verlag

Inhalt

I. Einleitung und Überblick

Das Korrosionsverhalten von Sinterteilen unterliegt im allgemeinen den gleichen Gesetzmäßigkeiten, denen auch kompakte Metalle unterworfen sind. Die starke Porosität der Sinterteile erzeugt allerdings eine entsprechend große Oberfläche, die auf diese Weise der Korrosion eine bedeutend größere Angriffsfläche bietet, sowohl gegenüber der Einwirkung von Luftsauerstoff als auch der von Elektrolyten. Letztere werden infolge der Kapillarwirkung der Poren festgehalten und sind nicht restlos zu entfernen. Aus diesem Grunde neigen diese Teile zu besonders schneller Korrosion:

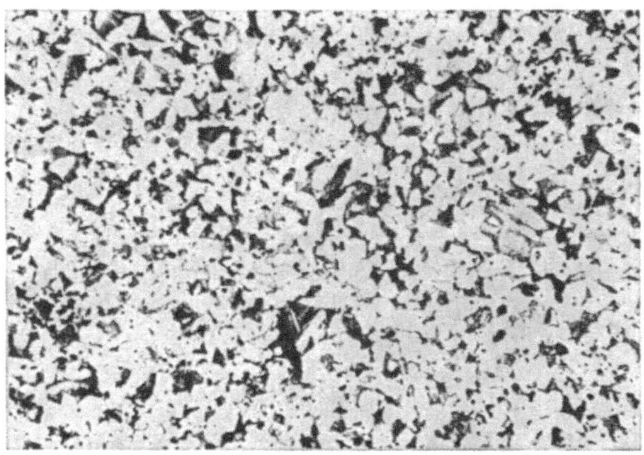

Abb. 1 Typische »Schwammstruktur« eines Sintereisenteiles (Werksaufnahme DIW)

Allgemeine Korrosionsschutzverfahren für Sinterteile

Eine Verminderung der Korrosionsgeschwindigkeit von Sinterteilen laßt sich nach H. Grubitsch [1] durch folgende Maßnahmen erreichen:

a) Verringerung der wirksamen Oberfläche,
b) Verminderung der Zahl der Lokalelemente je Flächeneinheit,
c) Erhöhung des Anodenpotentials.

Bei den z. Z. angewandten Verfahren zur Schaffung eines Korrosionsschutzes überschneiden sich diese angeführten Möglichkeiten weitgehend.

Nach BUCKOWIECKI und EUGSTER [2] sinkt die Korrosionsgeschwindigkeit mit steigender Dichte der Sinterteile. Eine Verdichtung der Oberfläche kann man auf mechanischem Wege erreichen, entweder, indem man bei der Herstellung der Sinterteile besonders fein gepulverte Ausgangsmetalle verwendet [3] oder indem man durch Trommeln [4], Polieren [5] oder Nachpressen [6] ein teilweises Schließen bzw. eine Verengung der Poren erzielt, wodurch eine weitgehende Verringerung der wirksamen Oberfläche erreicht wird.

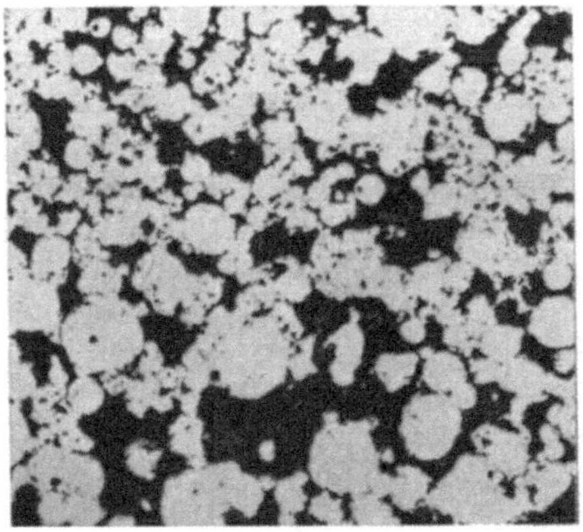

Abb. 2 Einfach gepreßtes Sintereisenteil

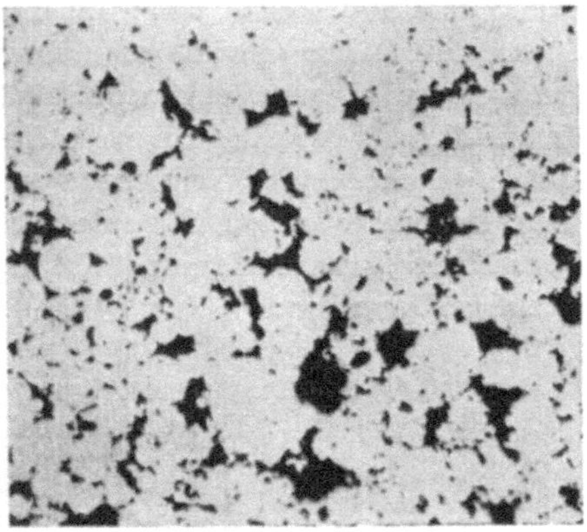

Abb. 3 Das gleiche Teil nachgepreßt

(Abb. 2 und 3 Werksaufnahmen DIW)

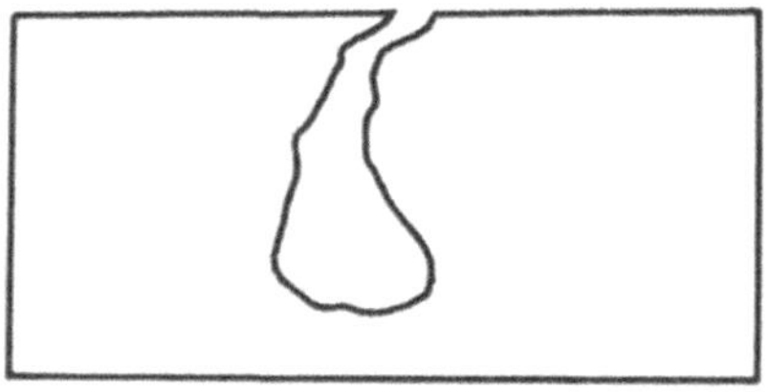

Abb. 4

Geeignet erschien zunächst das hauptsächlich in den angelsächsischen Ländern propagierte spezielle Trommelverfahren, das Peen Plating [7], das in Deutschland unter dem Namen Mitral-Verfahren bekanntgeworden ist [8].
Hierbei handelt es sich um einen Prozeß, der eine Kombination des bekannten Trommelverfahrens mit dem Prinzip des Kaltschweißens ist. Das Peen Plating wird in einer Trommel, in der sich das aufzutragende Metall in Pulverform und das entsprechende Werkstück befindet, mit Hilfe spezieller Prallkörper durchgeführt. Der Prozeß verläuft in einem wäßrigen Medium, das zur Förderung des Kaltschweißens Promotoren enthält. Man kann nach diesem Verfahren Schichten von 2 bis 50 μm und mehr auftragen. Gewöhnlich verwendet man Zn, Sn oder Messingpulver.
Das Verfahren erwies sich jedoch als ungeeignet. Bei nur einigermaßen profilierten Teilen ergaben sich an den Kanten schon Arbeitsschatten, an denen das Metall nur

unvollkommen haften blieb. Zudem zeigten die so behandelten Teile eine stark narbige Struktur. Ein weiterer Nachteil war, daß wieder Elektrolytreste in den Poren eingeschlossen wurden, die zu einer inneren Korrosion und damit zu Blasenbildung u. ä. führten.

Eine andere Methode, die Korrosionsanfälligkeit von Sintereisenteilen herabzusetzen, beruht auf der Verwendung reinster Metalle, wodurch eine Verminderung der Zahl der Lokalelemente und eine Verringerung des Potentialunterschiedes in den Lokalelementen zu erreichen ist [9].

Eine weitere Möglichkeit eines Oberflächenschutzes ist die Abdeckung der Sinterteile mit einem für Ionen und Wasser möglichst undurchdringlichen Anstrich, der auf verschiedene Art und Weise aufgebracht werden kann. Die Zahl der Lokalelemente wird dadurch ebenfalls herabgesetzt und bei geeigneten Pigmentzusätzen (z. B. Pb_3O_4) das Anodenpotential des Grundmetalls erhöht [10]. Bei einem Porenvolumen der Sinterkörper von $< 15\%$ können chemische oder elektrochemische Schutzschichten durch Tauchen erzeugt werden. Zu diesem Verfahren gehören beispielsweise das Brünieren und das Phosphatieren [11].

Bei einem Porenvolumen $> 15\%$ kommen hauptsächlich Verfahren in Frage, die eine Verdichtung der Oberfläche durch Imprägnierung [12] oder durch Behandeln mit überhitztem Wasserdampf [13] erreichen.

Das Anodenpotential des Eisens kann durch Legierungszusätze auf edlere Werte gehoben werden [14].

Die Herstellung legierten Materials kann man nach vier Verfahren durchführen:

1. Man geht von legierten Pulvern aus,
2. man geht von Mischungen unlegierter Pulver aus, die sich beim Sintern legieren,
3. man legiert die aus unlegierten Pulvern hergestellten Teile beim Sintern oder nachträglich in einer gesonderten Wärmebehandlung im Einsatzverfahren oder durch Gasdiffusion,
4. man erzeugt sogenannte »Pseudolegierungen«, indem man einen Skelettkörper aus Eisen oder unlegiertem Sinterstahl herstellt und diesen dann mit einem geschmolzenen Metall tränkt.

Wir haben auf diesem Gebiet keine Versuche durchgeführt, da darüber schon zahlreiche Arbeiten existieren.

Ein Grenzfall zu a) und c) (S. 0) ist das Metall-Tränkverfahren [15], das sehr empfohlen wird [16]. Für das Tränken von Sinterteilen eignen sich am besten das Auflage- und das Tauchverfahren. Zur Erzielung einer guten Tränkung müssen folgende Punkte beachtet werden [17]:

1. Die Schmelzpunkte der Metalle müssen möglichst weit auseinander liegen.
2. Die gegenseitige Löslichkeit der Metalle bei Zimmertemperatur soll möglichst gering sein.
3. Während des Tränkens muß die Temperatur ständig etwas über dem Schmelzpunkt des Tränkmetalls liegen.
4. Die Tränkdauer soll so kurz wie möglich sein, um Legierungsbildung zu vermeiden.

5. Oxydhäute müssen vermieden werden.
6. Eine Tränkung mit schlecht benetzenden Stoffen soll im Vakuum erfolgen.
7. Systeme, die vollkommene Mischbarkeit und einen niedrigen Schmelzpunkt aufweisen, sollen in geschlossenen Gefäßen unter Druck getränkt werden.

Als Tränkmetalle für Eisen werden hauptsächlich Cu, Cu—Ni-Legierungen, Al und Mg verwendet [18]. Gut geeignet ist gleichfalls eine Legierung aus 90% Cu, 2% Fe und 8% Mn [19]. PELZEL [20] empfiehlt neuerdings eine Tränkung mit einer Messingverbindung (60% Cu, 1% Al und 39% Zn). Die Tränktemperatur beträgt in diesem Falle 1000–1050°C. ZAPF [27] schlägt für die Cu-Infiltration vor, das Cu zuvor mit Fe (etwa 3–6%), evtl. noch bis zu 6% Mn zu legieren, um die Löslichkeit von Fe in Cu herabzusetzen.
Ein Beispiel für eine Tränkung mit nichtbenetzten Stoffen ist die Tränkung mit verschiedenen Kunststoffen [22]. Bekannt ist das sogenannte Metaseal-Verfahren, das von der American Metaseal Corp. speziell für Sinterteile entwickelt wurde [23]. Hier erfolgt Tränkung mit Metaseal 19V5, einem Styrol-Polyester im Druckkessel unter Vakuum. Dieser Kunststoff ist inert und beständig von —20°C bis + 220°C. Das Verfahren ist wesentlich billiger als die Metalltränkverfahren, da hier die umfangreichen metallurgischen Kontrollen (reduzierende Atmosphäre, hohe Temperaturen u.a.) wegfallen. Nach diesem Verfahren werden die Poren vollständig ausgefüllt, so daß die Teile nach Reinigung der Oberfläche mit einem Emulgierbad gut elektroplattiert werden können. Die so behandelten Teile waren über 1 Jahr an der Luft beständig.
H. HAUSNER [24] empfiehlt das Tränken mit Silikonen. Ganz ähnliche Erfahrungen haben R. RUSHBROCK [25], E. V. RAYMOND [26], SCHROEDER [27] und C. C. COHN [28] gemacht. GOETZEL [29] beschreibt eine Methode, bei der Sinterteile mit einer 4%igen Lösung von Dow Corning Silikon Typ 200 in Tetrachloräthylen imprägniert werden.
Für wenig beanspruchte Sinterteile ist die Tränkung mit Siliconölen ein guter Schutz gegen die Luftfeuchtigkeit. Siliconöle besitzen ausgezeichnete hydrophobe Eigenschaften.

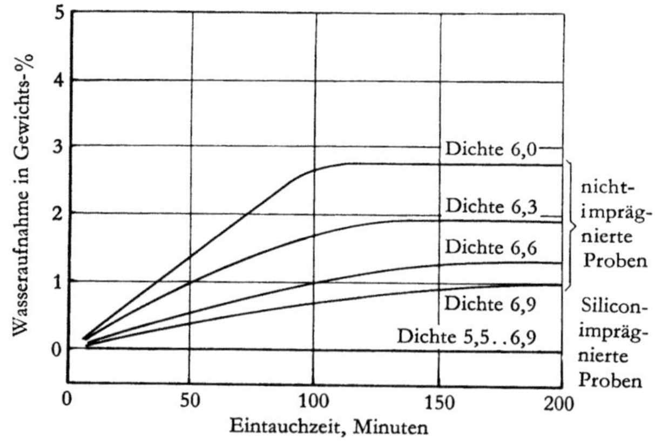

Abb. 5 Wasseraufnahme von nicht imprägnierten und siliconimprägnierten Proben [38]

II. Methoden der Korrosionsprüfung

Um einen Überblick über die Korrosionsschutzwirkung der untersuchten Verfahren zu erhalten, ist es erforderlich, die behandelten Sintereisenteile Korrosionsprüfungen zu unterziehen. Genaue Ergebnisse erhält man nur bei Langzeitversuchen (Naturversuchen), bei denen die Proben unter den speziell für ihre Verwendungszwecke gedachten Bedingungen getestet werden. Da diese Langzeitversuche außerordentlich zeitraubend sind, führt man in den Laboratorien gewöhnlich sogenannte Kurzzeitversuche durch. Nach DIN 50900 versteht man unter Laborversuchen: »Im Labor ausgeführte Prüfungen, bei denen künstlich geschaffene und regelbare Angriffsbedingungen vorliegen.«

Um jeweils vergleichbare Werte zu erhalten, wurden zu den Versuchen Proben gleicher Größe und Oberfläche angewandt. Es wurden Platten der Größe $100 \times 30 \times 5$ mm untersucht. Wir prüften die Korrosionsbeständigkeit der Sintereisenteile mit Hilfe der sogenannten Salzsprühkammer (nach DIN 50907). Hier wurden die Teile der Einwirkung einer agressiven Lösung (3%ige NaCl-Lösung bei 20° C) ausgesetzt. Es wird die Zeit gemessen, die bis zum ersten Auftreten von Rostspuren verstreicht.

Normalerweise wird die fortschreitende Korrosion nach DIN 50901 angegeben, indem man den Gewichtsverlust in g/m^2 pro Jahr mißt. Man löst dazu den entstandenen Rost mit verdünnten Säuren ab und ermittelt die Gewichtsdifferenz. Das war jedoch bei Sinterteilen nicht möglich, da infolge der starken Porosität nicht alle Korrosionsprodukte erfaßt werden konnten. Wir waren auf eine Abschätzung der korrodierten Flächenanteile (nach DIN 53210) angewiesen. Hierbei verfolgt man das Flächenwachstum der Rostschicht, indem man in bestimmten Zeitabständen die Zunahme der Rostbedeckung einer Probe aufzeichnet.

Im allgemeinen nimmt man an, daß die Einwirkung einer einmonatigen Behandlung in der Salzsprühkammer einem Naturversuch von etwa 18 Monaten entspricht.

Bei der Prüfung galvanisch aufgebrachter Schichten wurden vereinzelt noch Versuche in der Tropenkammer und mit dem Corrodkote-Test durchgeführt (s. d.).

III. Korrosionsschutzschichten

Wir untersuchten mehrere Verfahren, die uns geeignet erschienen, einen ausreichenden Korrosionsschutz für Sinterteile zu erzeugen. Es handelt sich um folgende Verfahren:

1. Erzeugung organischer Schutzschichten
   a) Abdeckung der Oberfläche mit Lacken
   b) Imprägnierung mit Kunststoffen
2. Erzeugung chemischer Schutzschichten
3. Herstellung metallischer Schutzschichten
   a) Elektroplattierung
   b) Diffusionsverfahren (Inkromierung)

1. Organische Schutzschichten

a) Abdeckung der Oberfläche mit Lacken

Eine der gebräuchlichsten und billigsten Methoden, einen Korrosionsschutz zu erzeugen, ist die Abdeckung der Oberfläche mit Hilfe von organischen Überzügen. Die organischen Schichten wurden von uns auf Trägerstoffe verschiedener Dichte (6,25 und 7,25 g/cm³) durch Streichen, Spritzen und Tauchen aufgetragen. Zusätzlich wurde noch das Vakuumtauchen angewandt, das allerdings schon eher ein Tränkungsverfahren ist.

Es wurden zunächst handelsübliche Lacke verwendet: Zaponlack (Nobel) und Celadur-Einbrennlack (Wacker). Die in den Tabellen angegebenen Ergebnisse sind Durchschnittswerte von jeweils fünf Versuchsmessungen. Die Schichtdicken betrugen ca. 50–100 μm.

Tab. 1 Sintereisenteile (C-Gehalt ca. 0,1%) *und Zaponlack 1*

Auftragungsart	Dichte [g/cm³]	Salzsprühtest, Rostspuren nach Std.	Dichte	Salzsprühtest, Rostspuren nach Std.
Ohne Schutz	6,25	3	7,25	4
Gespritzt	6,25	12	7,25	13
Gestrichen	6,25	15	7,25	17
Getaucht	6,25	18	7,25	19
Vakuumgetaucht	6,25	20	7,25	20

Tab. 2 Sintereisenteile (C-Gehalt ca. 0,1%) *und Celadur-Einbrennlack, eingebrannt bei* 150° C

Auftragungsart	Dichte [g/cm³]	Salzsprühtest, Rostspuren nach Std.	Dichte	Salzsprühtest, Rostspuren nach Std.
Ohne Schutz	6,25	3	7,25	5
Gespritzt	6,25	14	7,25	14
Gestrichen	6,25	18	7,25	19
Getaucht	6,25	23	7,25	24
Vakuumgetaucht	6,25	30	7,25	31

Es zeigte sich, daß einmal natürlich die Art des angewandten Lackes eine Rolle spielt, zum anderen aber auch die Art und Weise der Auftragung der Deckschicht. Die beste Wirkung trat bei Sinterteilen ein, die vakuumgetaucht wurden. Hier erschienen die ersten Rostspuren nach ca. 20–30 Std., dagegen bei den gespritzten schon nach 12–14 Std.

Einen besseren Korrosionsschutz erhielten wir, nachdem die Sinterteile einer Vorbehandlung unterzogen wurden, dem Blauen mit Wasserdampf (näheres in Kap. III, 2b).

Tab. 3 Geblaute Sintereisenteile (C-Gehalt ca. 0,1%) *und Zaponlack 1*

Auftragungsart	Dichte [g/cm³]	Salzsprühtest, Rostspuren nach Std.	Dichte	Salzsprühtest, Rostspuren nach Std.
Ohne Schutz	6,25	5	7,25	6—7
Gespritzt	6,25	17	7,25	17
Gestrichen	6,25	20	7,25	18
Getaucht	6,25	26	7,25	27
Vakuumgetaucht	6,25	32	7,25	33

Tab. 4 Geblaute Sintereisenteile (C-Gehalt ca. 0,1%) *und Celadur-Einbrennlack, eingebrannt bei* 150° C

Auftragungsart	Dichte [g/cm³]	Salzsprühtest, Rostspuren nach Std.	Dichte	Salzsprühtest, Rostspuren nach Std.
Ohne Schutz	6,25	5	7,25	6
Gespritzt	6,25	27	7,25	27
Gestrichen	6,25	36	7,25	38
Getaucht	6,25	48	7,25	49
Vakuumgetaucht	6,25	60	7,25	60

Die vorbehandelten Sinterteile zeigten eine fast doppelte Schutzwirkung gegenüber den nicht geblauten.
Bemerkenswert ist bei der Behandlung mit Lacken, daß sich der Unterschied der Dichte der Sinterteile kaum bemerkbar macht. Man kann annehmen, daß der unterschiedliche Porenanteil durch die Lackschicht nivelliert wird.
Der Korrosionsschutz kann unbedingt durch Verwendung anderer Lackarten noch verbessert werden. Es übersteigt den Rahmen dieser Arbeit, alle in Frage kommenden Lacksorten zu testen. Die Anwendung der Lacke richtet sich nach dem jeweiligen Verwendungszweck der Sinterteile.
Aus diesem Grunde ist es nur möglich, allgemeine Regeln zur Auftragung von Lacken auf Sinterteilen anzugeben. Wichtig ist, daß der Lack möglichst frei von Lösungsmitteln ist, da das Verdunsten des Lösungsmittels den Lackfilm unter Porenbildung zerstört. An diesen Stellen setzt dann sehr schnell die Korrosion ein. Man kann den Porenanteil durch Auftragen mehrerer Schichten beseitigen. Zunächst trägt man einen Grundlack auf, der den größten Teil der Poren schließt, und nach weitgehender Trocknung zieht man den Decklack auf.
Am zweckmäßigsten ist es jedoch, Lacke anzuwenden, die polymerisieren. Auf diese Weise ist es möglich, mit einer einzigen Schicht auszukommen. Gut geeignet sind dafür Polyäthylene, Epoxyharze D-D-(Desmophen-Desmodur)-Lacke und Dispersionslacke auf der Basis von Polytrifluoräthylen (Hostaflon, Höchst) [30]. Ausgezeichnete Ergebnisse erzielten wir bei Testversuchen mit letzteren. Der Lack wurde durch Vakuumtauchen aufgetragen und bei 400° C ein Film dieser Verbindung eingebrannt. Die Schichtdicke betrug $\sim$ 100 µm. Das so behandelte Sinterteil widerstand dem Korrosionsangriff in der Salzsprühkammer mehr als 160 Std. Vergleicht man die von uns untersuchten Lackarten, so steht das Hostaflon in der Korrosionsschutzwirkung mit Abstand an der Spitze.

Tab. 5 Geblaute Sintereisenteile mit verschiedenen Lackarten behandelt
(C-Gehalt ca. 0,1%, vakuumgetaucht, Schichtdicke 80–100 µm)

Lackart	Dichte der S. T. [g/cm³]	Salzsprühtest, Rostspuren nach Stunden
Zaponlack 1	6,25	32
Celadur (eingebrannt bei 150° C)	6,25	60
Hostaflon (eingebrannt bei 400° C)	6,25	160

Auch die Anwendung von Silikonlacken scheint gute Ergebnisse zu ermöglichen. Sie werden bei 160–350° C eingebrannt. Eisen beschleunigt die Aushärtung unter Bildung eines hitzebeständigen Fe—Si—O-Komplexes [31]. Diese Lacke sind aber infolge ihres höheren Preises nur in Spezialfällen empfehlenswert.
Allerdings ist die Anwendung der Lackierung als Korrosionsschutz für Sinterteile sehr problematisch. Da die Lackschichten doch von erheblicher Stärke sind ($\sim$ 100 µm und mehr), ist die Verwendung bei Sinterteilen, die meist Präzisionsteile darstellen, sehr schwierig.

Bei unseren Versuchen konnte weiterhin beobachtet werden, daß die Korosionsbeständigkeit der mit Lacken behandelten Sinterteile eine gewisse Abhängigkeit vom Cu-Gehalt aufwies. Mit zunehmendem Cu-Gehalt der untersuchten Teile sank die Beständigkeit zusehends, Beispiel Tab. 6 und Kurve (Abb. 6).

Tab. 6 Sintereisenteile (C-Gehalt ca. 0,1% *und Zaponlack 1*

Behandlungsart	Cu-Gehalt in %	Dichte [g/cm³]	Salzsprühtest, Rostspuren nach Stunden
Vakuumgetaucht	–	6,25	20
Vakuumgetaucht	5	6,25	20
Vakuumgetaucht	10	6,25	15
Vakuumgetaucht	20	6,25	8
Cu-infiltriert	25	6,25	15

Ganz ähnliches Verhalten zeigten Sinterteile der Dichte 7,25 g/cm³.

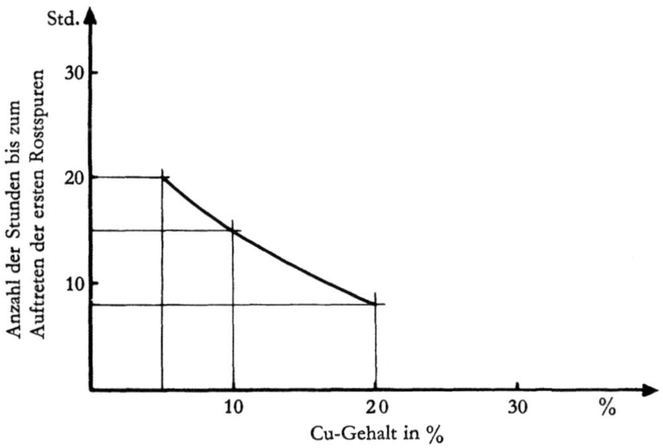

Abb. 6

b) Imprägnieren mit Kunststoffen

Um auch das innere Porengefüge der Sinterteile zu erfassen, wurden Versuche durchgeführt, durch Tränken mit Kunststoffen die Poren nahezu vollständig auszufüllen. In Anlehnung an das schon erwähnte amerikanische Metaseal-Verfahren wurde die Eignung von ungesättigten Polyestern (Palatal P7, BASF), von Epoxyharzen (Lekutherm X50, Bayer) und Phenol-Formaldehydharzen (Supraplast-Harz 122, Süd-Chemie) geprüft.

Es wurde wie folgt verfahren:

Das Harz wurde in einem Autoklaven je nach angewandtem Kunststoff auf eine bestimmte Temperatur erhitzt, bei der die Schmelze eine möglichst geringe Viskosität besitzt. Nach Erreichen dieser Temperatur wurde 20 min unter Vakuum (10 mm Hg) gehalten. Die zu imprägnierenden Teile, die sich auf einem Drahtgewebe oberhalb der Schmelze, also bei gleicher Temperatur befanden, wurden danach in die Schmelze eingetaucht, 10 min im Vakuum belassen und anschließend 20 min einem Druck von 7 atü ausgesetzt. Nach Erkalten wurden die Sinterteile mechanisch von der oberflächlichen Harzschicht befreit. Im einzelnen wurden folgende Bedingungen eingehalten:

1. Die Tränkung mit dem Polyester Palatal P7 kann auf zwei verschiedene Arten vonstatten gehen [32]:

   a) Heißhärtung: Hierbei wurden 100 Teilen Palatal 7 zwei Teile eines Härters zugesetzt (BP-Paste = Benzoyl Peroxyd) und die Imprägnierung nach dem oben angegebenen Verfahren bei 40° C vorgenommen. Die Härtung erfolgte etwa 30 min lang bei 130° C.

   b) Kalthärtung: Dem Gemisch von a) wurde noch ein Beschleuniger (0,4 ml einer Kobalt–Naphtenat-Lösung 1% Co/100 g Harz) zugemischt. Die Imprägnierung und die anschließende Härtung erfolgte bei Raumtemperatur.
2. Die Tränkung mit dem Epoxyharz Lekutherm X 50 und 150 Teilen Lekutherm H (Härter) wurde bei 90° C durchgeführt. Nach der Tränkung erfolgte die Härtung durch dreieinhalbstündiges Erhitzen auf 155° C.
3. Die Imprägnierung mit dem Phenol-Novolack Supraplast 122 erfolgte bei 180° C. Zusätzlich prüften wir noch die Verwendungsmöglichkeit eines
4. kombinierten Harzes, das aus einem Gemisch von 500 Teilen Epikothe 815 (Shell) und 290 Teilen Versamid 125 (Schering) bestand. Die Imprägnierung erfolgte bei Raumtemperatur.

Die Gewichtszunahme der Sinterteile wurde bestimmt. Die Tab. 7 gibt die jeweils erzielte Gewichtszunahme in Gramm an.

Tab. 7

Verfahren	Dichte der S.T. in g/cm³	Gewichts-zunahme in g	Dichte der S.T. in g/cm³	Gewichts-zunahme in g
1a	6,25	0,59	7,25	0,19
1b	6,25	0,63	7,25	0,21
2	6,25	0,82	7,25	0,08
3	6,25	0,78	7,25	0,22
4	6,25	0,90	7,25	0,09

Da die Oberfläche der so behandelten Teile starke Unebenheiten aufweist, ist es nicht möglich, sie in diesem Zustand zu verwenden. Es ist eine zusätzliche Behandlung erforderlich. Die Oberfläche wurde mit Hilfe organischer Lösungsmittel

(Butylglykol, Äthylacetat und Aceton) gereinigt. Die so behandelten Sinterteile wurden anschließend dem Korrosionstest in der Salzsprühkammer unterzogen.

Tab. 8

Verfahren	Dichte der S.T. in g/cm³	Salzsprühtest, Rostspuren nach Std.	Dichte der S.T. in g/cm³	Salzsprühtest, Rostspuren nach Std.
1a	6,25	25	7,25	28
1b	6,25	28	7,25	35
2	6,25	25	7,25	33
3	6,25	15	7,25	24
4	6,25	23	7,25	28

Nach 50 Stunden betrug der Verrostungsgrad $> 50\%$. Allerdings war davon nur der Oberflächenbereich betroffen; das Innere der imprägnierten Sintereisenteile war absolut rostfrei. Die Tränkung erwies sich also als ein ausgezeichnetes Mittel, das innere Porengefüge der Sintereisenteile vor Korrosion zu schützen. Es ist aber notwendig, die Oberfläche einer weiteren Behandlung zu unterziehen. Ein Beispiel dafür sehen wir in Kap. III, 3a.

2. Chemische Schutzschichten

a) Phosphatieren und Brünieren

Um bei Sinterteilen eine chemische Schutzschicht zu erzeugen, wurden Phosphatierungs- und Brünierversuche durchgeführt. Sie erwiesen sich jedoch als Fehlschlag. Zum Bondern (Phosphatieren) von Sinterteilen kamen praktisch nur Tiefbonderverfahren in Frage [11]. Die Phosphatierung wurde nach dem Bonder-2-Verfahren bei einer Temperatur von 95° C und einer Tauchzeit von 10 min durchgeführt. Desgleichen wurde noch durch Veränderung der Badzusammensetzung und der Temperatur eine Verbesserung des Verfahrens versucht.
Die so behandelten Teile zeigten schon beim Lagern an der Luft nach wenigen Tagen Ausblühungen, in der Salzsprühkammer bereits nach 3–4 Std. Rosterscheinungen. Die Brünierung wurde nach dem Zweibadverfahren durchgeführt. Zunächst bei einer Temperatur von 140° C und einer Tauchzeit von 15 min und danach bei einer Temperatur con 147° C und gleicher Tauchzeit.
Die brünierten Sinterteile zeigten ebenfalls nach wenigen Tagen Ausblühungen und in der Salzsprühkammer nach 3–4 Std. die ersten Rosterscheinungen.
Auch eine Kombination beider Verfahren führte zu keinen positiveren Resultaten.

Eine Verbesserung konnte erreicht werden, nachdem die Sinterteile mit überhitztem Wasserdampf vorbehandelt wurden. Die danach brünierten oder phosphatierten Teile hielten sich in der Laborluft ca. 14 Tage, ohne Ausblühungen zu

zeigen. In der Salzsprühkammer erschienen die ersten Rostspuren nach ca. 15 Std.
Nahezu eine Verdoppelung der Korrosionsbeständigkeit erhielt man, nachdem die frisch phosphatierten bzw. brünierten Sintereisenteile mit Öl getränkt wurden.

Die chemischen Schutzschichten besaßen eine Stärke von etwa 1 bis 5 μm und waren ziemlich porös. Auch die Haftfestigkeit der Schichten war äußerst gering. Diese Methoden gewährten Sinterteilen nur einen sehr befristeten Korrosionsschutz.

b) Dampfblauen

Eine wesentliche Verbesserung des Korrosionsschutzes wurde durch Behandeln der Sinterteile mit überhitztem Wasserdampf erhalten. Dieses Verfahren ist schon lange bekannt [13] und wird auch in der Pulvermetallurgie schon seit einigen Jahren angewandt. Da es aber bei unseren Untersuchungen eine ziemliche Rolle spielt, ist es zweckmäßig, etwas näher darauf einzugehen. Beim Dampfblauen werden die Sintereisenteile 30 min auf 370° C erhitzt, und während der folgenden 30 min wird Wasserdampf mit einem Druck von 200 bis 400 mm WS zugegeben. Die Temperatur bleibt auf 370° C. Danach wird die Temperatur auf 550° C erhöht und erneut 30 min gehalten. Abschließend wird auf 370° C abgekühlt und der Dampf abgelassen. Die Sinterteile werden dann auf Raumtemperatur abgekühlt.
Beim Überleiten von Wasserdampf über Sinterteile bei 550° C bildet sich eine Eisenoxydschicht nach folgender Formel:

$$3\,Fe + 4\,H_2O = Fe_3O_4 + 4\,H_2$$

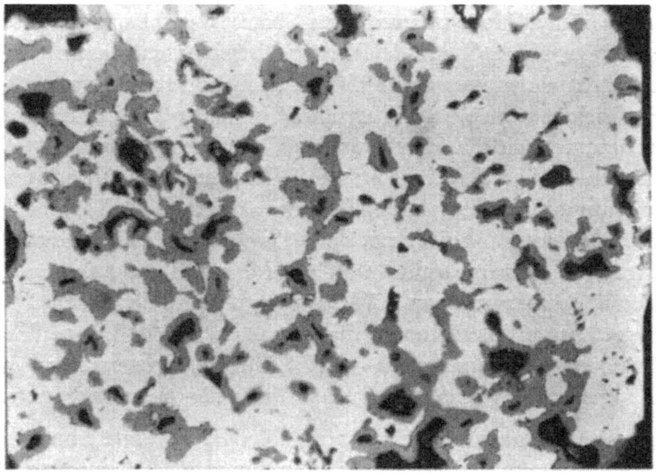

Abb. 7 (Werksaufnahme DIW)

Mit der mehr oder weniger großen Porosität der gesinterten Werkstoffe dringt der Wasserdampf in die Poren und bildet eine Oxydschicht, die die kleineren Poren völlig ausfüllt und die größeren sehr stark verkleinert.
Die Reaktion beginnt mit großer Geschwindigkeit, verlangsamt sich jedoch schnell, da immer mehr Porenkanäle gefüllt sind.

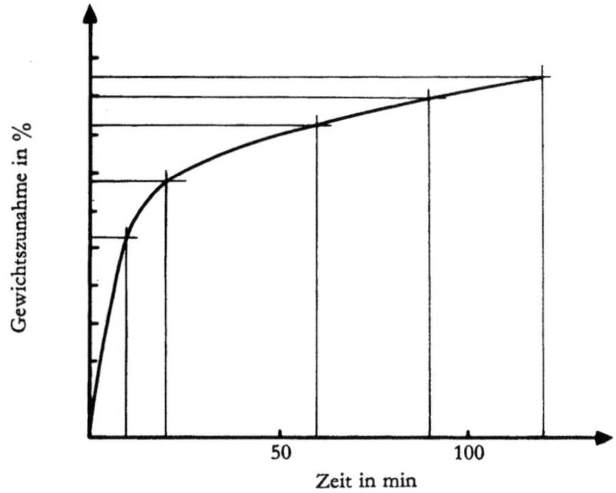

Abb. 8 [33]

Auf diese Weise ist es möglich, die Porosität von Sinterteilen von 27 auf 2% zu senken [33].
Durch die chemische Umwandlung erhält das Werkstück ein blauschwarzes Aussehen, einen besseren Korrosionsschutz (s. Tab. 9) und je nach dem Anteil des gebildeten Eisenoxyds eine wesentliche Härtesteigerung.

Tab. 9 Sintereisenteile (C-Gehalt ca. 0,1%)

Vorbehandelt	Dichte [g/cm³]	Salzsprühtest, Rostspuren nach Std.	Dichte [g/cm³]	Salzsprühtest, Rostspuren nach Std.
Rohteil	6,25	3	7,25	5
Geblaut	6,25	5	7,25	6

Je poröser das Sinterteil, desto größer ist die Härtezunahme, da das Skelett aus Fe_3O_4 wesentlich stärker ist als bei weniger porösen (dichteren) Teilen.
In Abb. A und B ist an Hand von Kurven der Härtezuwachs in Abhängigkeit von der Dichte dargestellt. Aus der Gegenüberstellung eines reinen Sintereisens (Abb. A) mit einem, das einen Zusatz von Kupfer (10%) aufweist (Abb. B), ist zu erkennen, daß die erreichbaren Härten bei Verwendung eines kupferlegierten Sinterteils höher liegen. In beiden Fällen liegen die höchsten Werte bei mittleren Dichten.

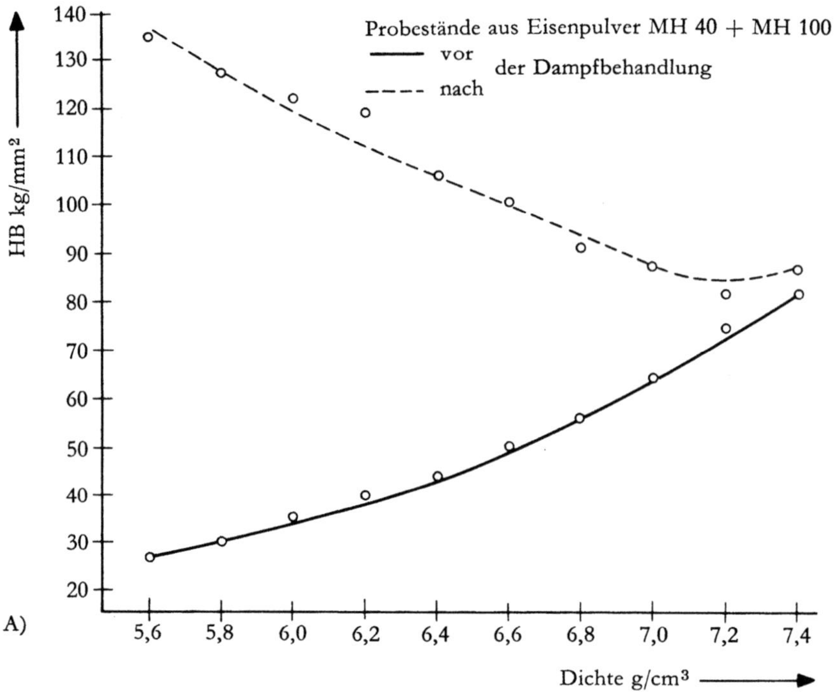
Probestände aus Eisenpulver MH 40 + MH 100
vor
nach
der Dampfbehandlung
HB kg/mm²
Dichte g/cm³
140
130
120
110
100
90
80
70
60
50
40
30
20
5,6
5,8
6,0
6,2
6,4
6,6
6,8
7,0
7,2
7,4

A)

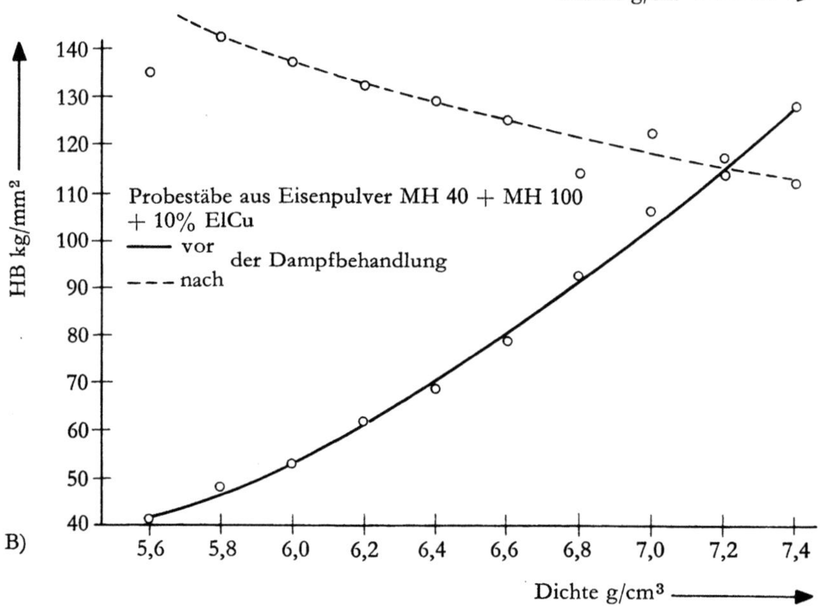
Probestäbe aus Eisenpulver MH 40 + MH 100
+ 10% ElCu
vor
nach
der Dampfbehandlung
HB kg/mm²
Dichte g/cm³
140
130
120
110
100
90
80
70
60
50
40
5,6
5,8
6,0
6,2
6,4
6,6
6,8
7,0
7,2
7,4

B)

Tab. 10 Einfluß der Dampfbehandlung auf die Eigenschaften von Sintereisen
(die Versuchsstäbe wurden aus Sintropac 3% Cu gepreßt)

Werte vor der Dampfbehandlung				Werte nach der Dampfbehandlung								
Dichte [g/cm³]	HB [kg/mm²]	σ_B [kg/mm²]	δ [%]	Dichte [g/cm³]	HB [kg/mm²]	Änderung von HB	σ_B [kg/mm²]	Änderung von	δ [%]	Änderung von	Gewichtszunahme in g	Gewichtszunahme in %
7,0	107	32,1	5,3	7,03	167	+ 60	37,1	+ 5	2,4	— 2,9	0,29	1,5
7,1	98	31,2	6,0	7,08	152	+ 54	36,5	+ 5,3	2,6	— 3,4	0,17	0,9
7,12	99,8	33,3	5,5	7,12	138	+ 38,2	37,8	+ 4,4	2,4	— 3,1	0,12	0,6
7,14	101	35,3	5,9	7,17	138	+ 37	38,4	+ 3,1	2,6	— 3,3	0,1	0,5
7,23	109	35,8	6,5	7,2	136	+ 27	41,1	+ 5,3	3,0	— 3,5	0,04	0,2
7,23	111	35,2	7,1	7,27	129	+ 22	39,0	+ 3,6	3,9	— 3,3	0,02	0,13
7,28	107	35,4	7,2	7,28	142	+ 31	39,2	+ 4,0	3,8	— 3,3	0,02	0,13
7,38	119	37,8	7,1	7,38	151	+ 32	43,6	+ 5,8	4,4	— 2,7	0	0

In der dargestellten Tabelle ist nochmals die beträchtliche Härtesteigerung HB durch die Bildung des Fe_3O_4 zu erkennen, der leichte Anstieg der Zugfestigkeit und der Abfall der Dehnung. Zu beachten ist noch die Gewichtszunahme der Teile durch die Dampfbehandlung, die dort am größten ist, wo auch der Härtezuwachs die größten Werte angibt.

Die verhältnismäßig rauhe Oxydschicht bietet einen sehr guten Haftgrund für weitere Behandlungsverfahren, z. B. für Lacke, Öle, Harze usw. Die ausgezeichneten Halbleitereigenschaften des Fe_3O_4 sind eine gute Grundlage für eine Elektroplattierung von Sinterteilen [34] (s. dort).
Eine heutige Dampfbehandlungsanlage zeigt die Abb. 9. Links ist die Dampferzeugungsanlage in der Form eines elektrisch beheizten Zylinderkessels zu er-

Abb. 9 (Werksaufnahme DIW)

kennen. Von diesem führt die isolierte Dampfleitung zum eigentlichen Dampfbehandlungsofen (hier im geöffneten Zustand). Die zu behandelnden Teile befinden sich in Körben, deren Böden und Seitenteile durchlöchert sind, um dem Dampf einen ungehinderten Zutritt zu gewährleisten. Der Deckel des Dampfbehandlungsofens ist nicht sichtbar, da er sich hinter den Chargierkörben befindet.

3. Metallische Schutzschichten

a) Elektroplattierung

Unser Hauptinteresse galt den Untersuchungen elektrolytisch aufgebrachter Deckschichten, zumal hierbei gleich ein dekorativer Effekt erzielt wird.

Ziel der Elektroplattierung ist es, Metallteile mit einem metallischen Überzug zu versehen, der die Korrosionsbeständigkeit verbessert. Die in Frage kommenden Metalle können elektrochemisch edler oder unedler als das Metall sein, auf das sie aufgetragen werden. In beiden Fällen verursacht jegliche Beschädigung des Überzugs (Risse, Poren) die Bildung von Lokalelementen. Ist das Überzugsmetall unedler als das Grundmetall, z. B. Zink auf Eisen, so wird der Überzug aufgelöst. Ist dagegen das Grundmetall unedler – Nickel auf Eisen –, so löst sich dieses auf. Unabhängig davon, welches Überzugsmetall verwendet wird, ist es also von größter Wichtigkeit, daß der Überzug frei von Rissen und Poren ist.

Eine Elektroplattierung von Sinterteilen ist allerdings nicht ohne weiteres möglich. Trotz des starken Streuvermögens der galvanischen Bäder ist nicht zu erwarten, daß auch das Innere der engen Poren galvanisiert wird. DiePoren bleiben weitgehend unbedeckt und führen wieder zur Ausbildung von Lokalelementen und damit zu schneller Korrosion. Außerdem verbleibt in den Poren infolge der Kapillarwirkung immer noch ein Rest des angewandten Elektrolytes, der nach dem Plattieren zu Ausblühungen und Unterrostung führt. Um trotzdem eine galvanische Behandlung von Sinterteilen durchzuführen, sind folgende Dinge zu beachten:

Infolge der großen Oberfläche der Sinterteile ist beim Elektroplattieren eine höhere Stromdichte erforderlich als beim Plattieren kompakter Metalle. Nach Möglichkeit soll man saure Bäder anwenden, da saure Einschlüsse weniger mit dem Metall reagieren als alkalische [35]. Verunreinigungen der Bäder führen leicht zur Ausbildung von Einbrüchen in der Deckschicht [6].

Sinterteile mit einer Dichte $> 7{,}4\ g/cm^3$ können ohne besondere Vorbehandlung elektroplattiert werden. Bei Dichten $< 7{,}4\ g/cm^3$ ist eine Sonderbehandlung nötig. Man kann dabei zwei Wege einschlagen [36].

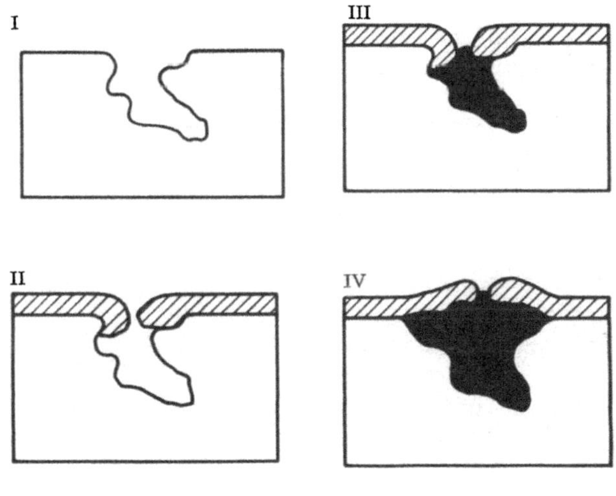

Abb. 10

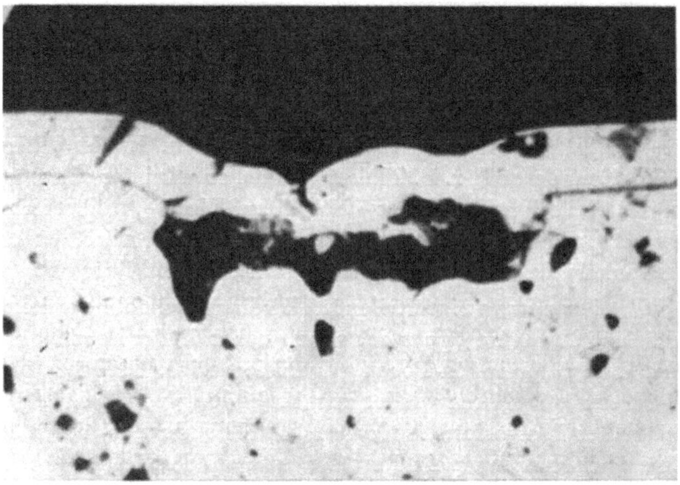

Abb. 11 (Werksaufnahme DIW)

1. Plattierung ohne Vorbehandlung, wobei nach dem Plattieren der eingedrungene Elektrolyt entfernt werden muß.
2. Das Sinterteil wird einer Vorbehandlung unterworfen, um die Porenkanäle zu schließen.

Zu 1. Zur nachträglichen Entfernung der Elektrolytreste wurde von KUZMICK [37] das sogenannte Etolizing-Verfahren entwickelt. Hier werden die Salze durch eine Hitzebehandlung aus den Poren vertrieben. Das Verfahren kann auf dreierlei Art durchgeführt werden:

a) Plattierung der gepreßten, aber noch nicht gesinterten Teile und anschließende Sinterung,
b) kurze Vorsinterung bei niedrigen Temperaturen, anschließend Plattierung und schließlich die eigentliche Sinterung,
c) Sinterung, Plattierung und anschließende kurze Wärmebehandlung.

Während der Hitzebehandlung in reduzierender Atmosphäre verflüchtigen sich die Salzrückstände; Cyanide müssen zuvor durch organische Säuren (Oxalsäure) in flüchtige Verbindungen übergeführt werden.
Durch den Temperaturanstieg und die einsetzende Verflüchtigung der Salze im Sinterofen tritt bei den Sinterteilen zunächst eine Vergrößerung der Porösität ein. Im Verlauf des Sinterns verschwinden die Poren, und die Diffusion des aufgebrachten Metalls in das Grundmetall setzt ein.
Mit diesem Verfahren konnten wir keine positiven Resultate erzielen, da es außerordentlich schwer war, absolut trocknen Wasserstoff durch den Sinterofen zu leiten. Unsere Proben wurden durchweg ziemlich stark oxydiert. Bei Laborversuchen mögen ganz gute Ergebnisse erreicht worden sein; in der Praxis war es uns bisher noch nicht möglich. Eventuell wäre mit einem Vakuumsintern mehr zu erreichen.

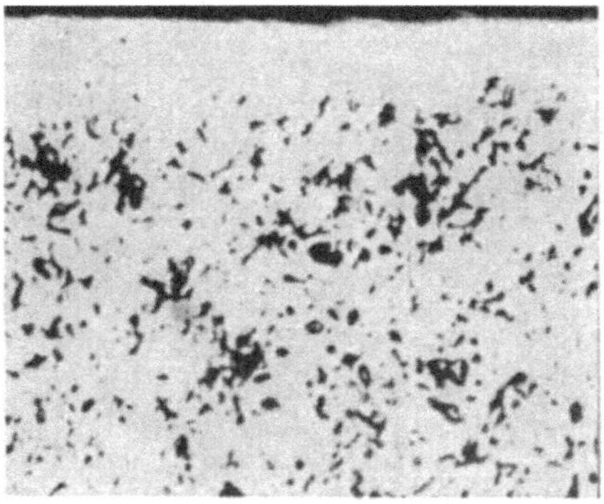

Abb. 12 Sintereisenteil gesintert mit Ni, plattiert und 10 min bei 1100° C nachgesintert

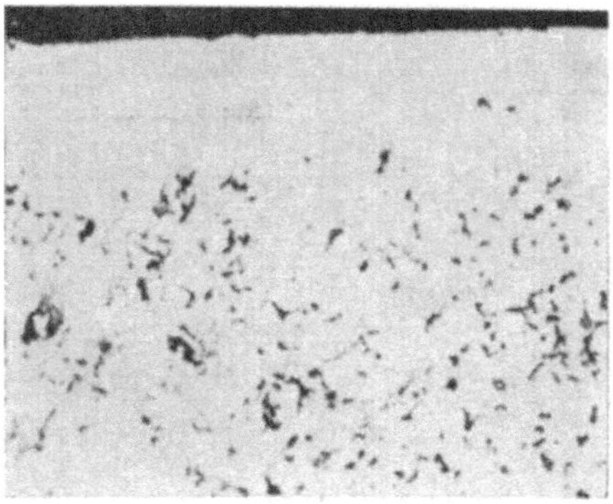

Abb. 13 Das gleiche Sintereisenteil, jedoch 30 min nachgesintert

(Werksaufnahmen DIW)

Zu 2. Will man die Poren der Sinterteile verschließen, um ein Eindringen von Elektrolyten zu verhindern, besitzt man folgende Möglichkeiten:

a) die schon erwähnte mechanische Verdichtung der Sinterteile,
b) das Füllen der Poren mit einem geeigneten Material.

Die mechanische Verdichtung durch Peen Plating oder einem ähnlichen Verfahren ist im allgemeinen so kostspielig, um sie lediglich zur Erleichterung der Elektroplattierung einzusetzen. Das Füllen der Poren mit Kunststoffen ist an sich eine gute Vorbehandlung der Teile zur Elektroplattierung, es ist jedoch einigermaßen schwierig, die Oberfläche so rein und frei von Kunststoff zu erhalten, daß eine einwandfreie Plattierung möglich ist. Der vorhandene Kunststoff verhindert eine gute Adhäsion zwischen Grundmetall und Deckschicht. Wenn es gelingt, die äußerste Schicht der Sintermetalle vom Kunststoff zu befreien, ohne allzuviele Poren freizulegen, führt eine Elektroplattierung sicherlich zu positiven Ergebnissen (s. Kap. III, 3a).
Interessant ist eine Methode, die von Bengton in den Höganäs-Laboratorien untersucht wurde [38] und einigen Erfolg brachte: Sinterteile wurden mit einer 1%igen Lösung von Dow Corning Silicone Type 200 in »white spirit« imprägniert und bei 120° C getrocknet. Anschließend wurden die Teile mit einer Mischung von Sand (Korngröße ca. 1 mm) und Kupferoxydul (3% Kupferoxydul – 97% Sand) getrommelt. Das überschüssige Oxydul wurde durch weiteres Trommeln mit reinem Sand entfernt. Die Poren waren nach diesem Prozeß mit Kupferoxydul ausgefüllt. Die so behandelten Teile (D 5,5–6,9 g/cm³) wurden anschließend in der üblichen Weise vernickelt. Die plattierten Sinterteile wurden 14 Tage in der Tropenkammer geprüft und zeigten eine ausgezeichnete Beständigkeit.
Zur Durchführung unserer Elektroplattierungsversuche verwandten wir folgende galvanische Bäder:

Kadmium: Cadmalux, cyanidische Lösung der Fa. Schering, gearbeitet wurde mit 2,1 A/dm² bei Raumtemperatur.

Zink: Neorapid, cyanidisches Bad der Fa. Schering, gearbeitet wurde mit 5,3 A/dm² bei 35° C.

Kupfer: Kupfer-Trisalyt-Ultra, cyanidisches Bad der Fa. Schering, gearbeitet wurde mit 2,5 A/dm² bei 75° C.

Nickel: F61-Hochglanz der Fa. Langbein-Pfanhauser-Werke (Neuß), gearbeitet wurde mit 2 A/dm² bei 50–55° C, pH ~ 4,6.

Nickel: Watts-Bad (matt)
Zusammensetzung: 270 g/l $NiSO_4 \cdot 7\,H_2O$
50 g/l $NiCl_2 \cdot 6\,H_2O$
30 g/l H_3BO_3
gearbeitet wurde mit 2,2 A/dm² bei 35° C, pH ~ 4,5.

Chrom: Badzusammensetzung: 400 g/l CrO_3
4 g/l H_2SO_4
gearbeitet wurde mit 10,5 A/dm² bei 40° C.

Bei unseren Versuchen ergab sich, daß sich nicht vorbehandelte Teile der Dichten 6,2–7,2 direkt nur unvollkommen elektroplattieren ließen. Man erhielt auf diese Weise keine zusammenhängende Deckschicht, also auch keinen Korrosionsschutz. Dagegen erwiesen sich die Sinterteile gut geeignet, die einer Behandlung mit überhitztem Wasserdampf ausgesetzt waren.
Im folgenden berichten wir nur über die Ergebnisse von Versuchen mit geblauten Sinterteilen.
Die direkte Abscheidung von Kadmium- und Zinkschichten gelang allerdings auch hier nur sehr unvollkommen.
Die direkte Vernicklung mit Hilfe des Wattsschen Bades führte zu einigem Erfolg.

Wir brachten Schichten verschiedener Stärke auf. Die Korrosionsbeständigkeit stieg entsprechend an.

Tab. 11 Geblaute Sintereisenteile (C-Gehalt ca. 0,1%)

Deckschicht in/µm Ni	Dichte [g/cm³]	Salzsprühtest, Rostspuren nach Std.	Dichte [g/cm³]	Salzsprühtest, Rostspuren nach Std.
5	6,25	25	7,25	35
10	6,25	38	7,25	46
15	6,25	42	7,25	50
5 + 0,5 µm Cr	6,25	35	7,25	36

Siehe auch die Kurven. Der Anstieg der Kurven ist bei den Teilen niederer Dichte steiler als bei denen höherer Dichte.
Die Schicht 5 µm Ni + 0,5 µm Cr erwies sich als verhältnismäßig beständig. So wurden auch mit nicht vorbehandelten Sinterteilen folgende Ergebnisse erzielt:

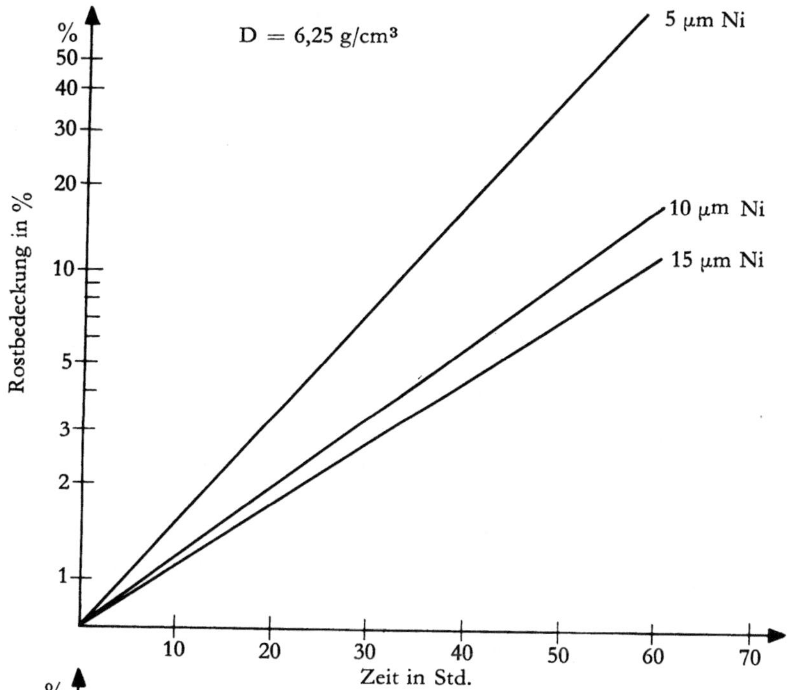
D = 6,25 g/cm³
5 µm Ni
10 µm Ni
15 µm Ni
Rostbedeckung in %
%
50
40
30
20
10
5
3
2
1
10
20
30
40
50
60
70
Zeit in Std.

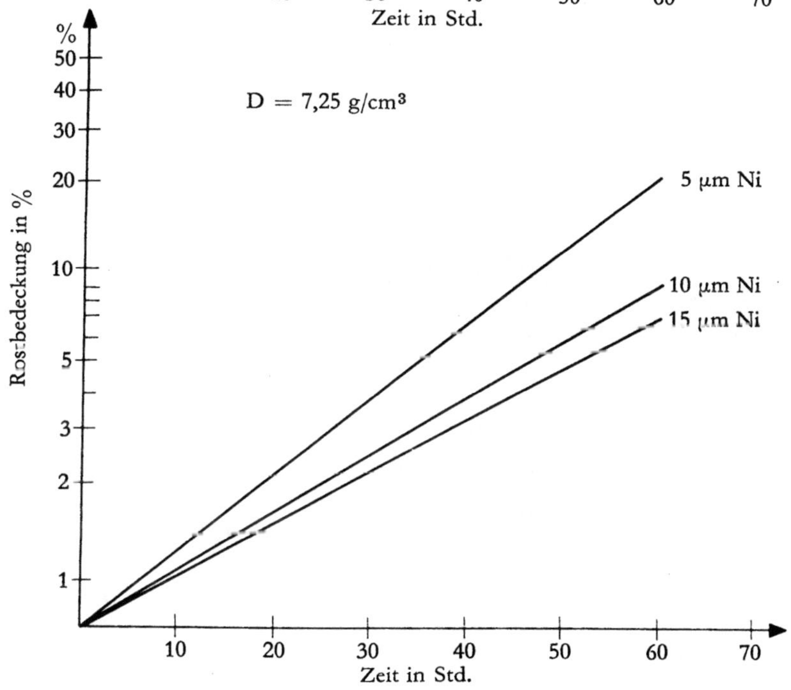
D = 7,25 g/cm³
5 µm Ni
10 µm Ni
15 µm Ni
Rostbedeckung in %
%
50
40
30
20
10
5
3
2
1
10
20
30
40
50
60
70
Zeit in Std.

Tab. 12 Sintereisenteile (roh) (C-Gehalt ca. 0,1%)

Deckschicht	Dichte [g/cm³]	Salzsprühtest, Rostspuren nach Stunden
5 μm Ni + 0,5 μm Cr	6,25	25
5 μm Ni + 0,5 μm Cr	7,25	30

Duplex-Überzüge

Im Laufe der Versuche war immer wieder festgestellt worden, daß Kupfer, das aus einem handelsüblichen cyanidischen Kupferbad abgeschieden wird, vom Sinterwerkstoff am gleichmäßigsten (geblaut) angenommen wird. Der Kupferüberzug weist eine verhältnismäßig glatte Oberfläche ohne sichtbare gröbere Fehler auf. Er darf allerdings nicht zu dünn aufgebracht werden. Da Kupferüberzüge mit Erfolg als Grundlage für die anschließende Vernicklung (und Verchromung) seit Jahren für Stahl (Stoßstangen) eingesetzt werden, wurden die weiteren Versuche nur noch mit dem Überzugssystem Kupfer–Nickel–Chrom ausgeführt. Man bezeichnet dieses Verfahren auch als Duplex- oder Sandwich-Verfahren. Die Chromschicht verhindert das Anlaufen des Nickels und verleiht gleichzeitig eine gewisse Oberflächenhärte. Dadurch wird der Korrosionsangriff auf die darunterliegende Nickelschicht weitgehend verzögert.

Während die Dicke der Chromschicht bei allen weiteren Versuchen mit 0,5 μm konstant gehalten wurde, variierten wir die Dicken der Kupfer- und Nickelschichten. Die Entscheidung, welche Dicken bzw. welches Dickenverhältnis Kupferüberzug : Nickelüberzug einen optimalen Schutz bieten, wurde an Hand kurzer Feuchtlagerungsprüfungen getroffen. Dabei ergab sich der beste Schutz bei folgendem Überzugssystem: 12 μm Kupfer – 24 μm Glanznickel – 0,5 μm Chrom (s. Abb. 14). Noch dickere Überzüge üben sicher einen noch besseren Schutz aus; rd. 36 μm Gesamtdicke ist jedoch schon so beträchtlich, daß die Grenze der Wirt-

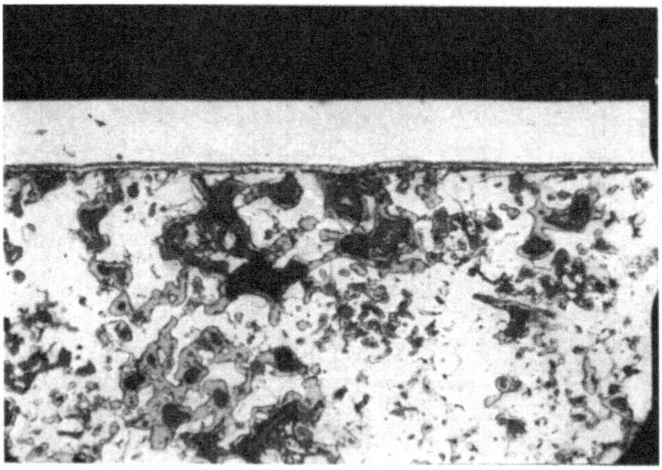

Abb. 14 (Werksaufnahme DIW)

schaftlichkeit des Verfahrens möglicherweise erreicht oder sogar schon überschritten ist.

Die für die Korrosionsprüfungen verwendeten Teile sind unter Berücksichtigung der während der Versuche gewonnenen Erkenntnisse der nachstehenden Behandlungsfolge unterzogen worden:

a) Bürsten unter einem Wasserstrahl
b) Trocknen mit Preßluft
c) Entfetten mit Benzin (Siedepunkt 100...140° C)
d) Trockenreiben mit einem Leinentuch
e) Kathodische Entfettung (handelsüblich)
f) Spülen mit Wasser
g) Verkupferung im cyanidischen Heißkupferbad (handelsüblich) bei 2,5 A/dm², 15 min
h) Spülen in Wasser
i) Leichtes Bürsten mit einer Neusilberbürste
k) Kathodische Entfettung (handelsüblich)
l) Spülen in Wasser
m) Dekapieren in Salzsäure (1 Vol.-Teil konzentr. Salzsäure + 1 Vol.-Teil Wasser)
n) Spülen in Wasser
o) Glanzvernickelung in einem handelsüblichen einebnenden Elektrolyten bei 2 A/dm², 50–55° C, 60 min
p) Spülen in Wasser
q) Kathodische Entfettung (handelsüblich)
r) Spülen in Wasser
s) Glanzverchromung (handelsüblicher Elektrolyt) bei 10,5 A/dm², 40° C, 13 min
t) Spülen in Wasser
u) Trocknen mit Preßluft
v) Aufbewahrung im Exsikkator bis zur Korrosionsprüfung

Einige Arbeitsgänge müßten für den produktionsmäßigen Maßstab etwas abgeändert werden, z. B. Position d). Es kam bei den Versuchen aber im wesentlichen darauf an, ein gut schützendes und auch im gewissen Umfang eine dekorative Wirkung vermittelndes Verfahren zu erarbeiten. Die Übertragung in die Betriebspraxis kann später versucht werden, und zwar u. E. ohne wesentliche Schwierigkeiten.

Die so behandelten Teile zeigen eine hervorragende Korrosionsbeständigkeit.

Tab. 13 Geblaute Sintereisenteile (C-Gehalt ca. 0,1%)

Deckschicht	Dichte [g/cm³]	Salzsprühtest, Rostspuren nach Stunden
12 µm Cu	6,25	> 510
– 24 µm Ni – 0,5 µm Cr	7,25	> 580

Die gleichen Teile wurden außerdem noch einer Feuchtlagerungsprüfung in der Tropenkammer unterzogen [39]. Es handelt sich hier um ein Wechselklima mit Schwitzwasser und Temperaturwechsel. Die Bedingungen entsprechen etwa dem 24-Stunden-Zyklus nach DIN 50016.

Dauer in Std.	Temperatur [°C]	relative Luftfeuchtigkeit	Untersuchungsdauer
8	40	100	4 Wochen
16	20	65	

Die Versuche wurden in großen Kammern mit Klimaanlage durchgeführt.

Die Proben der Dichte 6,25 g/cm³ zeigten nach vierwöchentlichem Aufenthalt in der Tropenkammer schwache Flecken, während die der Dichte 7,25 g/cm³ einwandfrei aussahen. Die Flecken (bei 6,25) waren derart schwach, daß sie photographisch nicht sichtbar sind.

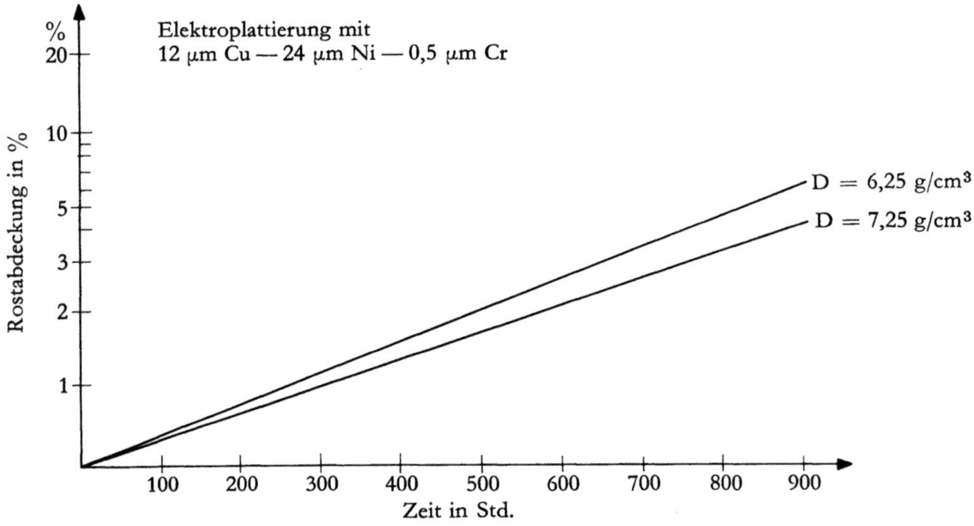

Zusätzlich wurde mit diesen Teilen noch eine hauptsächlich in den USA angewandte Testmethode durchgeführt, die sogenannte Corrodkote-Prüfung. Diese Testversuche wurden gemeinsam mit der BAM-Berlin durchgeführt.
Sie verläuft folgendermaßen:

1. Reinigen der Probe mit Aceton.
2. Auftragen einer dünnen, gleichmäßigen Schicht aus Corrodkote-Paste von etwa 50 µm Dicke (feucht). Das Auftragen erfolgt entweder von Hand oder durch Aufspritzen. Die Paste hat folgende Zusammensetzung:

$FeCl_3 \cdot 6\,H_2O$	0,99 g
$Cu(NO_3)_2 \cdot 3\,H_2O$	0,21 g
NH_4Cl	6,00 g
Kaolin (luft-flotiert)	180,00 g
Wasser (dest.)	300 ml

3. Trocknen des Corrodkote-Überzuges (ca. 30 min).
4. Feuchtlagerung der Proben bei 37° C und 99–100% relativer Luftfeuchtigkeit (20 Std.).

Die Proben wurden unmittelbar nach der Feuchtlagerung (mit der feuchten Paste) und dann nach vorsichtigem Entfernen der Corrodkote-Paste betrachtet.

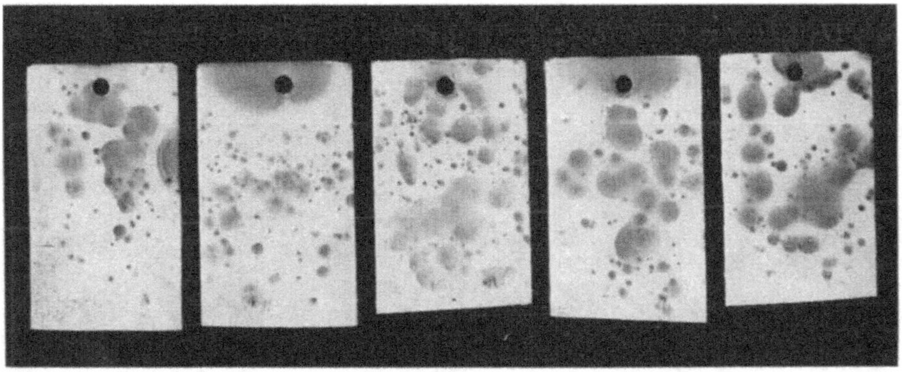

Abb. 15 Sintereisenteile D 6,25 g/cm³ nach 20 Std. Corrodkote-Prüfung
Corrodkote-Belag nicht entfernt

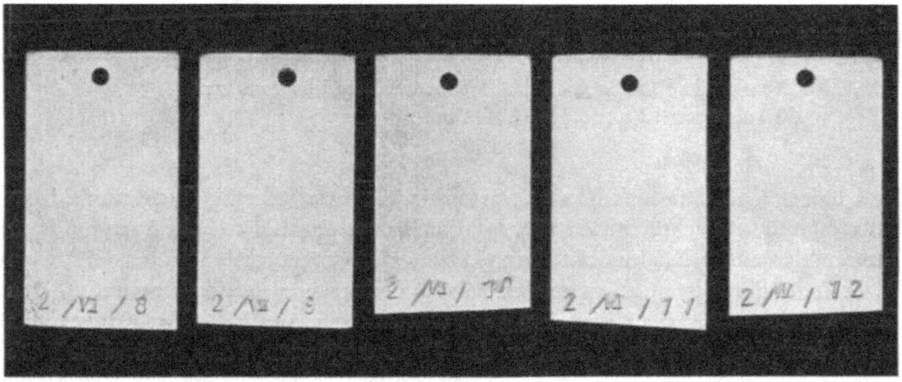

Abb. 16 Die gleichen Proben wie auf Abb. 15, Corrodkote-Belag entfernt
(Aufnahmen 15 und 16 BAM – Berlin)

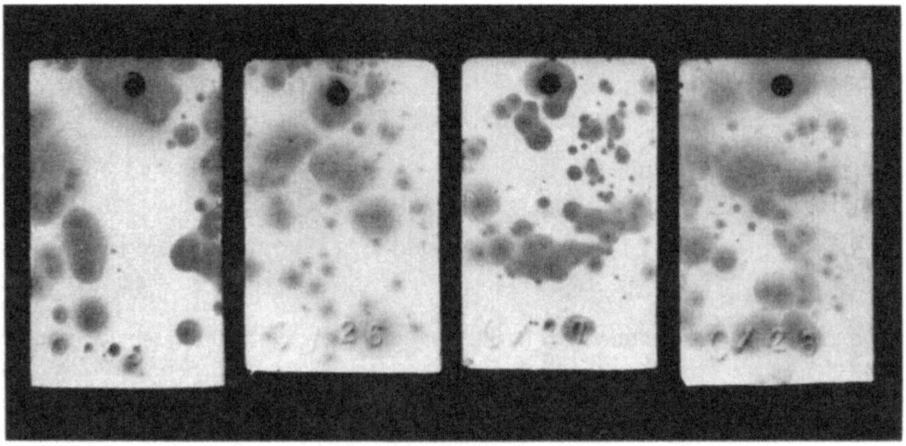

Abb. 17 Sintereisenteile D 7,25 g/cm^3 nach 20 Std. Corrodkote-Prüfung
Corrodkote-Belag nicht entfernt

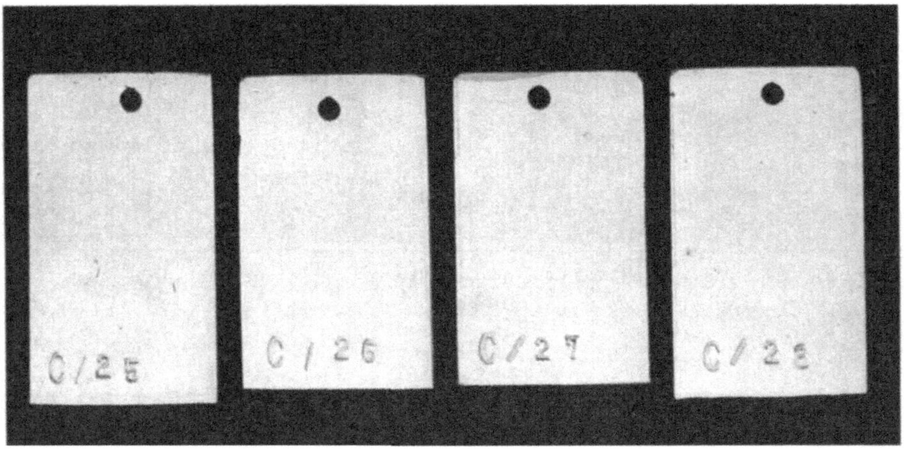

Abb. 18 Die gleiche Probe wie Abb. 17, Corrodkote-Belag entfernt
(Aufnahmen 17 und 18 BAM – Berlin)

Es fällt auf, daß die noch Paste tragenden Teile stark fleckig (hellbraune Rostflecke) und unansehnlich sind, während die Proben nach dem Entfernen der Paste nur unwesentliche Fehler aufweisen. Dazu ist zu sagen, daß sich der an kleinen Poren der Überzüge heraustretende Rost in der feuchten Paste ausbreitet und den Eindruck flächenartiger Korrosion gibt. Das ist nicht der Fall. Diese Aufnahmen zeigen lediglich, daß die Überzüge der Paste tragenden Teile tatsächlich noch Poren aufweisen. Es gibt noch keine genormten Regeln über die Auswertung der verhältnismäßig jungen Corrodkote-Prüfung. Auf Grund der bisherigen Erfahrungen an galvanisierten Stahlblechen [40] sollte bei Oberflächen, die das aus den Bildern ersichtliche Aussehen vor und nach dem Entfernen der Corrodkote-Paste besitzen, ein hinreichender Korrosionsschutz erreicht sein. Die Sintereisenteile mit einer Dichte von 7,25 g/cm³ zeigen ein deutlich besseres Aussehen als die der Dichte 6,25 g/cm³.

Neben dem Dampfblauen, das sich als vorzügliche Vorbehandlungsmethode erwiesen hat, zeigte sich, daß die Kunststoffimprägnierung der Sintereisenteile (s. d.) dem ersteren Verfahren sogar noch überlegen ist.

Nachdem die Oberfläche der imprägnierten Teile sorgfältig von organischen Bestandteilen gereinigt worden war, ließ sie sich ebenfalls gut elektroplattieren.

Es wurde einmal eine Nickelschicht (12 µm) und zum anderen eine Duplexschicht (12 µm Kupfer – 24 µm Nickel – 0,5 µm Chrom) aufgebracht.

Tab. 14 Imprägnierte Sintereisenteile (C-Gehalt ca. 0,1%)

Vorbehandlung, Tränkung mit	Deckschicht	Dichte [g/cm³]	Salzsprühtest, Rostspuren nach Std.	Dichte [g/cm³]	Salzsprühtest, Rostspuren nach Std.
1. Polyester	12 µm Ni				
a) heiß gehärtet		6,25	120	7,25	150
b) kalt gehärtet		6,25	160	7,25	200
2. Epoxyharz		6,25	120	7,25	150
3. Phenol-Novolack		6,25	90	7,25	110
4. Kombi-Harz		6,25	110	7,25	140

Tab. 15 Imprägnierte Sintereisenteile (C-Gehalt ca. 0,1%)

Vorbehandlung, Tränkung mit	Deckschicht	Dichte [g/cm³]	Salzsprühtest, Rostspuren nach Std.	Dichte [g/cm³]	Salzsprühtest, Rostspuren nach Std.
1. Polyester	12 µm Cu – 24 µm Ni – 0,5 µm Cr				
a) heiß gehärtet		6,25	475	7,25	660
b) kalt gehärtet		6,25	520	7,25	700
2. Epoxyharz		6,25	480	7,25	670
3. Phenol-Novolack		6,25	410	7,25	600
4. Kombi-Harz		6,25	450	7,25	640

Den Verlauf der Oxydation zeigen die folgenden Kurven.

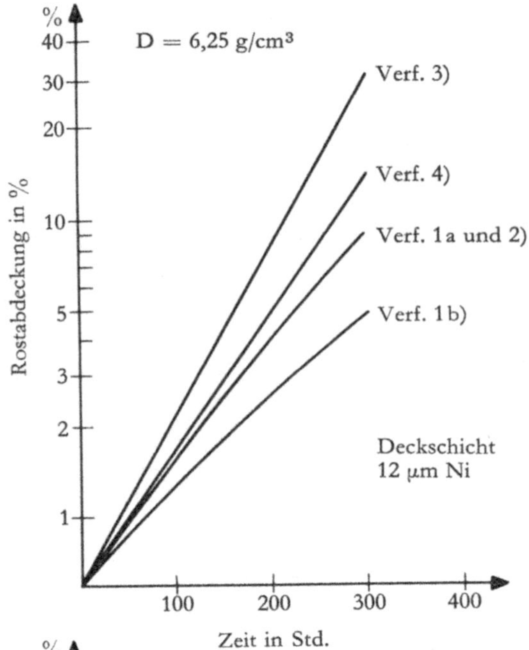

%
40
30
20
10
5
3
2
1
Rostabdeckung in %
D = 6,25 g/cm³
Verf. 3)
Verf. 4)
Verf. 1a und 2)
Verf. 1b)
Deckschicht
12 μm Ni
100
200
300
400
Zeit in Std.

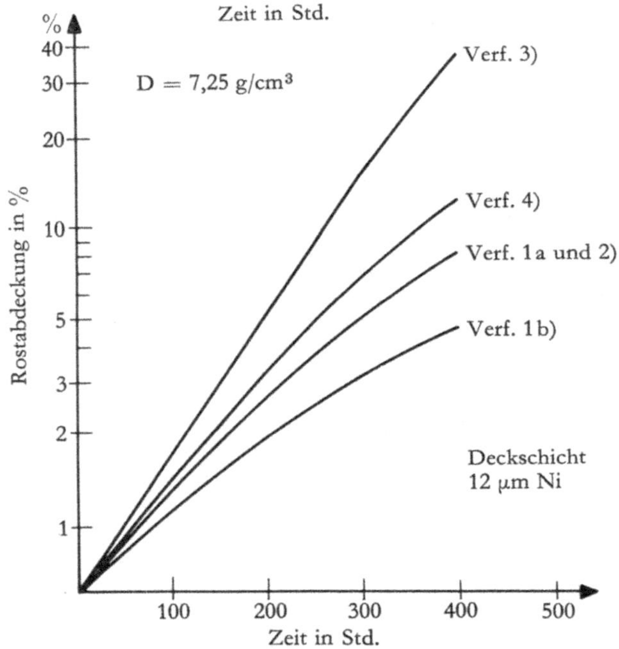

%
40
30
20
10
5
3
2
1
Rostabdeckung in %
D = 7,25 g/cm³
Verf. 3)
Verf. 4)
Verf. 1a und 2)
Verf. 1b)
Deckschicht
12 μm Ni
100
200
300
400
500
Zeit in Std.

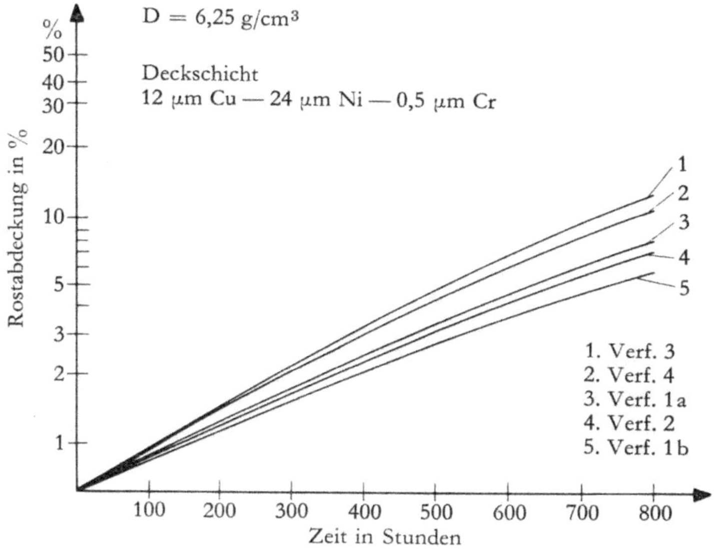
D = 6,25 g/cm³
Deckschicht
12 μm Cu — 24 μm Ni — 0,5 μm Cr
Rostabdeckung in %
%
50
40
30
20
10
5
3
2
1
100
200
300
400
500
600
700
800
Zeit in Stunden
1
2
3
4
5
1. Verf. 3
2. Verf. 4
3. Verf. 1a
4. Verf. 2
5. Verf. 1b

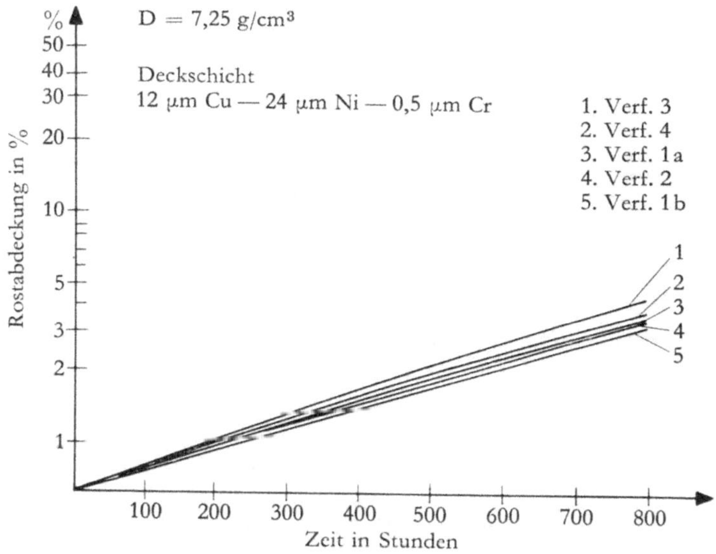
D = 7,25 g/cm³
Deckschicht
12 μm Cu — 24 μm Ni — 0,5 μm Cr
1. Verf. 3
2. Verf. 4
3. Verf. 1a
4. Verf. 2
5. Verf. 1b
Rostabdeckung in %
%
50
40
30
20
10
5
3
2
1
100
200
300
400
500
600
700
800
Zeit in Stunden
1
2
3
4
5

b) Diffusionsverfahren (Inkromierung)

Eine Imprägnierung mit anschließender Elektroplattierung bringt nicht immer den gewünschten Erfolg. Die so aufgebrachten Deckschichten lassen sich u. U. ziemlich leicht wieder ablösen, da die Verbindung zwischen metallischer Deckschicht und Grundmetall naturgemäß an den imprägnierten Stellen schlechter ist als an den Metall-Metall-Kontaktstellen.
Diese Schwierigkeiten werden vermieden durch Anwendung von Diffusionsverfahren. Auf Grund der guten Korrosionsbeständigkeit des Chroms und der Chrom-Eisen-Legierungen ist es naheliegend, auch bei Sintereisenteilen den Oberflächenschutz unter Mitwirkung des Chroms durchzuführen.
Das Chrom wird hierbei über die Gasphase bei höheren Temperaturen (1000 bis 1200° C) aufgebracht. Als Überträger verwendet man leichtflüchtige Chrom-Halogen-Verbindungen. Das hat den Vorteil, daß auf diese Weise das Chrom

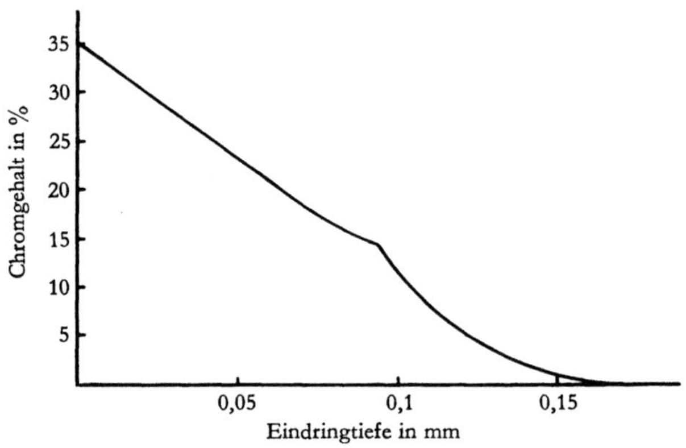

Abb. 19 Chromkonzentrationsgefälle in der Chromierungszone [41]

gleichmäßig an alle Teile der Oberfläche herangebracht wird und so eine allseitige, gleichmäßige Schutzzone gebildet wird. Durch die hohe Temperatur tritt Dissoziation der Chrom-Halogen-Verbindungen ein, und infolge der Löslichkeit von Chrom in Eisen dringt das Chrom unter Mischkristallbildung atomar durch Platzwechselreaktion in das Eisen ein. Hierdurch entsteht dann in der Oberfläche des Sintereisenteils ein Chromkonzentrationsgefälle. Unmittelbar an der Oberfläche beträgt der Chromgehalt ca. 35%, nach innen fällt er allmählich ab. Auf diese Weise kommt es zu einer idealen Verwachsung zwischen Zone und Kern. Der Korrosionswiderstand des Eisens steigt nicht mit zunehmendem Chromgehalt kontinuierlich an, sondern das Potential schlägt bei einem Chromgehalt von ca. 13% plötzlich ins Edle um. Hierin liegt also die Resistenzgrenze. Das ist sehr gut nachweisbar [41 a], indem man einen Schnitt durch das inchromierte Sintereisenteil macht und dann kurze Zeit mit kochender Salpetersäure behandelt. Dabei löst

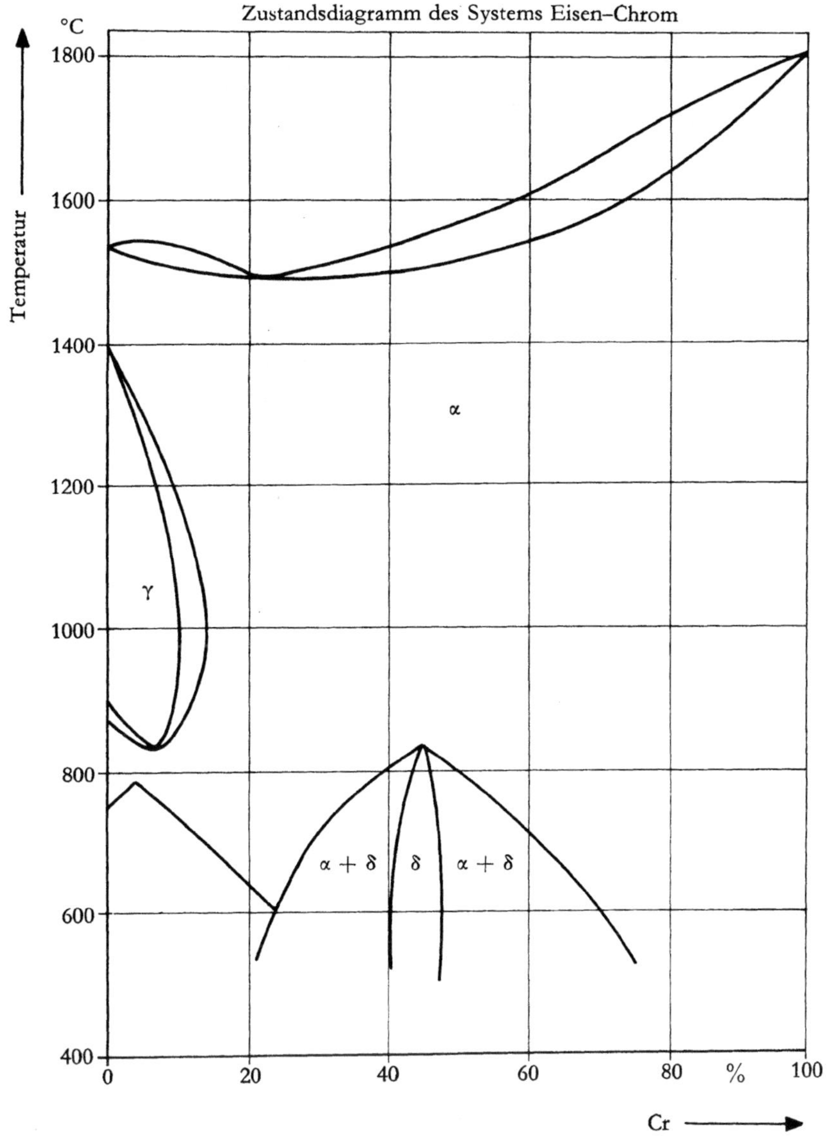
Zustandsdiagramm des Systems Eisen–Chrom
°C
1800
1600
1400
1200
1000
800
600
400
Temperatur
α
γ
α + δ
δ
α + δ
0
20
40
60
80
%
100
Cr

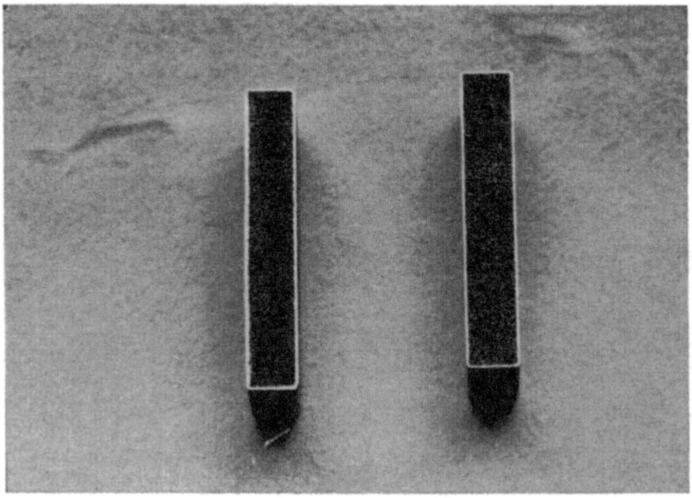

Abb. 20 Chromierte Sintereisenteile in kochender Salpetersäure angeätzt

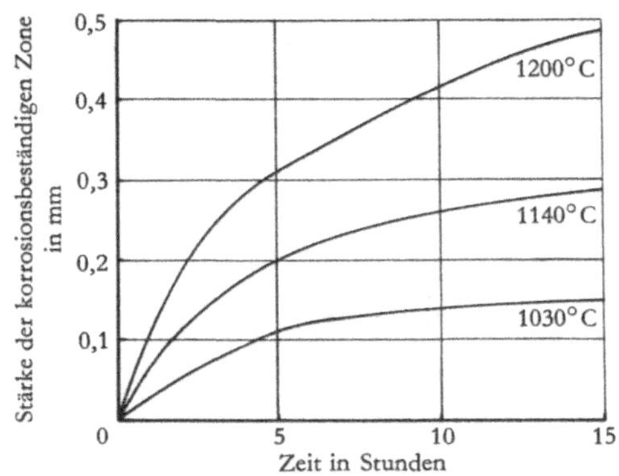

Abb. 21 Abhängigkeit der Dicke der Chromierungszone von Temperatur und Zeit [41]

sich der Eisenkern und die inchromierte Zone bis zur Resistenzgrenze. Es entsteht somit der Eindruck einer Plattierungszone (s. Abb. 20).
Die Eindringungstiefe des Chroms hängt von der Behandlungszeit und der Temperatur ab (s. Abb. 21).
Es sollte mindestens eine Inchromierungszone von 0,1 mm Dicke erzeugt werden [41].

Die Chromdiffusion wird im wesentlichen nach drei Verfahren durchgeführt:
dem deutschen DBS- oder Inkromverfahren [42],
dem englischen DAL- oder Dichromverfahren [43] und
dem französischen Onera-Verfahren [44]
(Office National d'Etudes et de Recherches Aeronautique).

Diese Verfahren unterscheiden sich nur geringfügig voneinander, z. B. in der Verwendung verschiedener Halogenverbindungen des Chroms, unterschiedliche Beimischungen u. ä.

Zur Durchführung wäre folgendes zu sagen:

Im allgemeinen werden die zu behandelnden Teile in kleinstückigem, metallischem Chrom oder Ferrochrom (Packung ähnlich wie beim Zementieren) unter Zugabe von Halogen und Beimischungen erhitzt, so daß die Chrom–Halogen-Verbindung während des Prozesses synthetisiert wird.
Die Inchromierung kann bereits an nicht vorgesinterten Teilen in einem Arbeitsgang mit dem Sintern vorgenommen werden, man kann auch bei einer zweiten Sinterung oder nach dieser inchromieren und danach kalibrieren.
Auch infiltrierte (Cu, P u. a.) Sintereisenteile lassen sich ausgezeichnet inchromieren [41].
Beim DBS-Verfahren werden Chrom-Chloride verwendet, die den Vorteil haben, jederzeit billig zur Verfügung zu stehen. Sie zersetzen sich bei den hohen Temperaturen unter Bildung von Chrom und gleichzeitiger Bildung von Eisenchloriden, die sich verflüchtigen. Die so entstehende Oberfläche zeigt ein mattsilbernes Aussehen. Die Eisenchloridbildung kann man durch einen Überschuß von Wasserstoff einschränken. Es läßt sich auch nicht ganz vermeiden, daß Reste von Eisenchlorid in dem Sinterteil zürückbleiben. Da letzteres sehr hygroskopisch ist, kann hier ein Angriffspunkt für die Korrosion entstehen.
Diese Nachteile vermeidet das Onera-Verfahren, das von Chrom-Fluoriden ausgeht. Die Eisen-Fluoride sind bei den angewandten Temperaturen nicht flüchtig, die Oberfläche des Werkstoffes wird somit nicht angegriffen und bleibt glänzend. Die Abscheidung des Chroms auf der Oberfläche des Sintereisens erfolgt ohne Austauschreaktion, d. h. ohne Freiwerden von Eisen-Fluoriden und damit ohne Verunreinigung der Oberfläche [44a]. Eventuelle Eisen–Fluorid-Reste sind nicht hygroskopisch. Bei diesem Verfahren wird also das zur Verfügung stehende Chrom nahezu voll verwertet, es wächst außerdem eine Chromschicht auf, deren Dicke gesteuert werden kann.
Die nach diesem Verfahren inchromierten Sintereisenteile waren jahrelang der Industrieluft ausgesetzt, ohne die geringsten Korrosionserscheinungen zu zeigen [41a].
Wird die Inchromierung nicht an weichem, kohlenstoffarmem Sintereisen vorgenommen, sondern an einem mit höherem Kohlenstoffgehalt, so bildet sich infolge der Diffusion des Kohlenstoffes zum Chrom eine harte Schicht von Chromkarbid (Dicke 15–30 μm) aus. Der Eisenkern wird somit weicher. Der Kohlenstoffverlust kann durch Zulegieren (z. B. Ti) anderer Metalle, die auf diese Weise die verlorengegangenen Eigenschaften des Kohlenstoffs ersetzen, kompensiert werden. Man kann zuvor auch zementieren. Um eine möglichst gleichmäßige und hohe Härte (ca. 1800 Vickerseinheiten) zu erzielen, sollten Teile mit einem Kohlenstoffgehalt von $< 1\%$ verwendet werden.
Nach ähnlichen Verfahren kann auch Si [45], Ti [46] und Ni aufgebracht werden. Auch das Alitieren und Sheradisieren [47] scheinen geeignete Methoden zu sein.

Wir inchromierten Sinterteile verschiedener Dichte (6,25 und 7,25 g/cm³) nach dem DBS-Verfahren 2 Std. bei 1200° C und erhielten Teile mit einer mattglänzenden Deckschicht. Die Schichtdicke (bis zur Resistenzgrenze) betrug 0,2 mm (s. Abb. 20). Die so behandelten Teile zeigten sich in der Salzsprühkammer als sehr korrosionsbeständig.

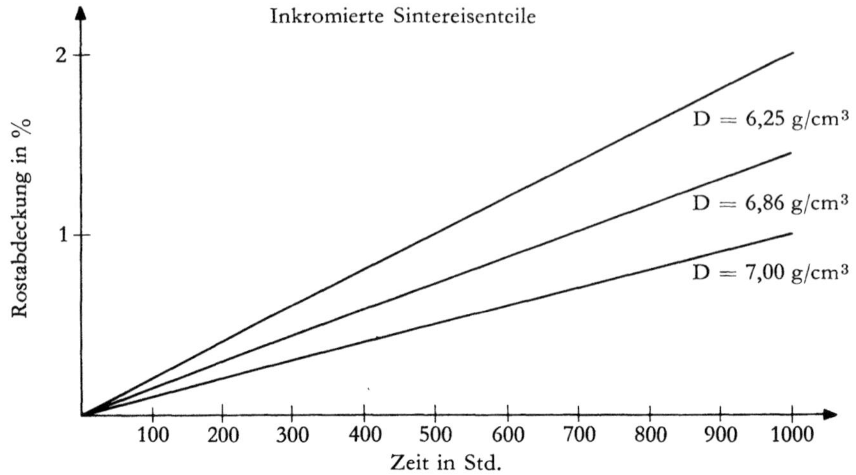

Tab. 16 *Sintereisenteile* (C-Gehalt ca. 0,1%, inchromiert, Schichtdicke)

Dichte [g/cm³]	Salzsprühtest, Rostspuren nach Stunden
6,25	96
6,86	125
7,00	170

Nach Auftreten der ersten Rostspuren bleibt die Rostbedeckung nahezu konstant. Nach 500 Stunden betrug sie bei Sintereisenteilen der Dichte 6,25 g/cm³ ~ 1%, bei Teilen der Dichte 7,00 g/cm³ 0,5%.

Nach 1000 Stunden war die Rostbedeckung nur geringfügig angestiegen, bei Teilen derDichte 6,25 g/cm³ auf etwa 2%, bei Teilen der Dichte 7,25 g/cm³ auf etwa 1% (s. Kurven).

IV. Zusammenfassung

Zusammenfassend läßt sich folgendes sagen:
Die wohl billigste und einfachste Methode, einen angemessenen Korrosionsschutz zu erreichen, ist das Aufbringen von Lacken. Hierbei spielt sowohl die Art des angewandten Lackes wie auch die Art und Weise der Auftragung der Deckschicht eine Rolle.
Unterzieht man die Sintereisenteile vor dem Aufbringen des Lackes einer Vorbehandlung mit überhitztem Wasserdampf (Dampfblauen), so erreicht man eine ausgezeichnete Haftfestigkeit der Lackschicht und eine gute Korrosionsbeständigkeit. Die Anwendung der Lackierung als Korrosionsschutz für Sinterteile ist nur in bestimmten Fällen möglich, und zwar dann, wenn es sich nicht um Präzisionsteile handelt, da die Deckschicht doch von erheblicher Stärke ist ($\sim$ 100 µm und darüber).
Eine verwandte Methode, die allerdings nur als Vorbehandlung geeignet ist, ist das Tränken mit Kunststoffen. Auf diese Weise gelingt es, das innere Porengefüge der Sinterteile auszufüllen und damit vor Korrosion zu schützen. Infolge der starken Unebenheiten der Oberflächenschicht ist es nötig, diese abzutragen und das Teil einer weiteren Behandlung zu unterziehen.
Brünierung und Phosphatierung sind nach den Ergebnissen unserer Untersuchungen als Korrosionsschutzverfahren für Sintereisenteile ungeeignet.
Sehr gute Resultate erhält man mit Hilfe der Elektroplattierung. Hierzu ist es erforderlich, die Sintereisenteile einer Vorbehandlung zu unterwerfen (Dampfblauen, Kunststofftränken). Einfache Metallüberzüge sind nur von geringer Beständigkeit. Bei Aufbringung von Duplexschichten (12 µm Kupfer – 24 µm Nickel – 0,5 µm Chrom) auf geblaute Teile erhält man eine sehr gut aussehende, glänzende Oberfläche, die bei der Korrosionsprüfung in der Salzsprühkammer mehr als 500 Std. beständig ist. Noch besser hielten sich mit Kunststoff getränkte und anschließend elektroplattierte Sintereisenteile ($>$ 600 Std.).
Die erfolgreichste Methode ist ein Diffusionsverfahren, das Inkromieren. Auf diese Weise behandelte Sintereisenteile erwiesen sich als sehr beständig ($>$ 1000 Std.) und zeigten nur äußerst geringe Korrosionserscheinungen ($< 2\%$).
Im ganzen läßt sich sagen, daß Sintereisenteile mit hoher Dichte ($> 7\ g/cm^3$) ein etwas besseres Korrosionsverhalten zeigen als die niedrigerer Dichte – was zu erwarten ist.
Es ist nicht möglich, ein generelles Korrosionsschutzverfahren für Sintereisenteile anzugeben. Es ist jeweils nötig, das für einen bestimmten Verwendungszweck der Teile am besten geeignete Verfahren zu ermitteln.

Dipl.-Chem. Wolfgang Werner

Literaturverzeichnis

[1] GRUBITSCH, H., Werkstoffe und Korrosion 1 (1950), 89.
[2] BUCKOWIECKI, A., und U. A. EUGSTER, Schweiz. Arch. angew. Wiss. Techn. 23 (1957), 78.
[3] KIEFFER, R., und W. HOTOP, Sintereisen und Sinterstahl, Wien 1948.
[4] GRAHAM, A. K., H. J. PINKERTON, P. A. ANDERSON und C. G. REINHARD, Plating 36 (1949), 70.
[5] ERBACHER, O., Chem. Zeitung 62 (1938), 601.
[6] ANDERSON, E. A., Mat. & Meth. 30 (1949), 55.
[7] BLUM, G., Metall 12 (1958), 814.
[8] BLUM, G., Jahrbuch der Oberflächentechnik (1959), 344.
[9] SAUERWALD, F., Arch. Metallk. 1 (1949), 363.
[10] HERBSLEB, G., Stahl und Eisen 81 (1961), 1420.
[11] Metalloberfläche 2 (1948), 173.
[12] COHN, C. C., Iron Age 173, 3 (1954), 128.
[13] LENEL, F. J., Iron Age 148 (1941), 29 und 100. – F. L. SPANGLER, Mat. & Meth. (1949) May, 56. Powder Metallurgy Publ. by the Organisation for European Economic Corperation, Paris 1955 (Technical Assistance Mission No. 141), S. 181. – IBM-Deutschland, Techn. Anweisung, Werknorm 4 831 176.
[14] STORCHHEIM, S., Metal Progr. 70 (1956), Nr. 3, 120.
[15] EVERHART, S. L., Werkstatt und Betrieb 88 (1955), 202. – SCOTT, Iron Age 165, 2 (1950), 87.
[16] FISCHER, J., Jahrb. der Oberflächentechnik 1958, 281.
[17] KIEFFER, R. und BENESOVSKY, Berg- u. Hüttenmänn. Mh. Montanist. Hochschule Loeben 94, Nr. 8/9 (1949), 284.
[18] ANDERS, Werkstoffe u. Korrosion 4 (1953), 308.
[19] SCHWARTZKOPF, Metal Progr. 1 (1950), 54.
[20] PELZEL, Metall 9 (1955), 783.
[21] ZAPF, G., Stahl und Eisen 74, 1 (1954), 338.
[22] SHAW, Metal Finishing (1951), 56.
[23] PRATT, W. N., Prec. Metal Moldg. 11 (1953), 47.
[24] HAUSNER, H. H., Metal Finishing 48 (1950), 73.
[25] RUSHBROCK, R., Electroplating 7 (1954), März, 92.
[26] RAYMOND, E. V., u. a., Plating 42 (1955), 150.
[27] SCHROEDER, Technik 7 (1952), 311.
[28] COHN, C. C., s. [12].
[29] GOETZEL, J. Research 4 (1951), 555.
[30] JUPA, J. A., Chem. Engng. 61 (1954), 272. – ELLIOTT, E. M., Werkstoffe u. Korrosion 8 (1957), 635. – BARTOZACK, G., Mat. & Meth. 42 (1955), 90.
[31] GLASER, M. G., Ind. Engng. Chem. 46 (1954), 2334.
[32] Privat-Mittlg. der Mannesmann AG.
[33] SZEKY, P., Metalloberfläche 14 (1960), 266.
[34] Brit. Pat. 850 016, DBP 1 060 215.

[35] Mahler, J. B., Metal Finishing 53 (1955), 70.
[36] Hausner, H. H. und H. B. Michaelson, Iron Age 174, 2 (1954), 88.
[37] Kuzmick, J., Mat. & Meth. 31 (1950), 54.
[38] Arbstedt, Privat-Mittlg. (1961).
[39] Elze, J., Taschenb. des Metallschutzes (1960), 707.
[40] Elze, J., Bundesanst. f. Mat. Prüfg.; priv. Mittlg.
[41] Becker, G., Vortrag im Arb. Aussch. Pulvermetallurgie am 13. 12. 60 im MPI Eisenforschung, Düsseldorf.
[41a] Becker, G., Dt. Edelstahlwerke, Kref.; priv. Mittlg.
[42] Becker, G., K, Daeves und F. Steinberg, Stahl und Eisen 61 (1941), 289.
[43] Tödt, F., Korrosion u. Korrosionsschutz (1955), 213.
[44] Corrosion et Anticorrosion 8 (1956), Nr. 2, 49.
[44a] Galmiche, Ph., Jahrb. d. Oberfl. Technik (1962), 231.
[45] DBP 1 109 482.
[46] Straumanis, J., Electrochem. Soc. 102 (1955), 81.
[47] Matteoli, Metallurgica italiana 48 (1956), 344.

FORSCHUNGSBERICHTE DES LANDES NORDRHEIN-WESTFALEN

Herausgegeben im Auftrage des Ministerpräsidenten Dr. Franz Meyers
von Staatssekretär Prof. Dr. h. c. Dr.-Ing. E. h. Leo Brandt

HÜTTENWESEN · WERKSTOFFKUNDE

HEFT 4
Prof. Dr. med. Erich A. Müller und Dipl.-Ing. H. Spitzer, Max-Planck-Institut für Arbeitsphysiologie, Dortmund
Untersuchungen über die Hitzebelastung in Hüttenbetrieben
1952. 20 Seiten, 5 Abb., 1 Tabelle. DM 9,—

HEFT 48
Max-Planck-Institut für Eisenforschung, Düsseldorf
Spektrochemische Analyse der Gefügebestandteile in Stählen nach ihrer Isolierung
1953. 31 Seiten, 12 Abb., 5 Tabellen. DM 7,80

HEFT 49
Max-Planck-Institut für Eisenforschung, Düsseldorf
Untersuchungen über Ablauf der Desoxydation und die Bildung von Einschlüssen in Stählen
1953. 45 Seiten, 19 Abb., 3 Tabellen. Vergriffen

HEFT 50
Max-Planck-Institut für Eisenforschung, Düsseldorf
Flammenspektralanalytische Untersuchung der Ferritzusammensetzung in Stählen
1953. 34 Seiten, 15 Abb., 4 Tabellen. DM 8,60

HEFT 74
Max-Planck-Institut für Eisenforschung, Düsseldorf
Versuche zur Klärung des Umwandlungsverhaltens eines sonderkarbidbildenden Chromstahls
1954. 48 Seiten, 10 Abb. DM 14,—

HEFT 75
Max-Planck-Institut für Eisenforschung, Düsseldorf
Zeit-Temperatur-Umwandlungs-Schaubilder als Grundlage der Wärmebehandlung der Stähle
1954. 34 Seiten, 13 Abb. DM 8,70

HEFT 89
Verein Deutscher Ingenieure, Gleitlagerforschung, Düsseldorf, und Prof. Dr.-Ing. G. Vogelpohl, Göttingen
Versuche mit Preßstoff-Lagern für Walzwerke
1954. 57 Seiten, 34 Abb. DM 14,10

HEFT 96
Dr.-Ing. Paul Koch, Dortmund
Austritt von Exoelektronen aus Metalloberflächen unter Berücksichtigung der Verwendung des Effektes für die Materialprüfung
1954. 21 Seiten, 13 Abb. DM 7,—

HEFT 105
Dr.-Ing. Robert Meldau, Harsewinkel/Westf.
Auswertung von Gekörn – Analysen des Musterstaubes »Flugasche Fortuna I«
1955. 28 Seiten, 14 Abb. DM 8,50

HEFT 132
Prof. Dr. phil. nat. W. Seith, Münster
Über Diffusionserscheinungen in festen Metallen
1955. 27 Seiten, 19 Abb., 4 Tabellen. DM 9,10

HEFT 143
Prof. Dr. phil. Franz Wever, Dr. phil. Adolf Rose und Dipl.-Ing. W. Straßburg, Max-Planck-Institut für Eisenforschung, Düsseldorf
Härtbarkeit und Umwandlungsverhalten der Stähle
1955. 33 Seiten, 12 Abb., 3 Tabellen. DM 10,70

HEFT 153
Prof. Dr.phil. Franz Wever, Dr.-Ing. Wilhelm Anton Fischer und Dipl.-Ing. J. Engelbrecht, Düsseldorf
I. Die Reduktion sauerstoffhaltiger Eisenschmelzen im Hochvakuum mit Wasserstoff und Kohlenstoff
II. Einfluß geringer Sauerstoffgehalte auf das Gefüge und Alterungsverhalten von Reineisen
1955. 42 Seiten, 15 Abb., 2 Tabellen. DM 12,40

HEFT 154
Prof. Dr.-Ing. P. Bardenheuer und Dr.-Ing. Wilhelm Anton Fischer, Düsseldorf
Die Verschlackung von Titan aus Stahlschmelzen im sauren und basischen Hochfrequenzofen unter verschiedenen Schlacken
1955. 23 Seiten, 10 Abb., 1 Tabelle. DM 7,95

HEFT 162
Prof. Dr. phil. Franz Wever,
Prof. Dr. rer. techn. Albert Kochendörfer und
Dr.-Ing. Chr. Rohrbach, Max-Planck-Institut für Eisenforschung, Düsseldorf
Kennzeichnung der Sprödbruchneigung von Stählen durch Messung der Fließspannung, Reißspannung und Brucheinschnürung an dreiachsig beanspruchten Proben
1955. 46 Seiten, 26 Abb. DM 13,—

HEFT 170
Prof. Dr. phil. Franz Wever, Dr. phil. Adolf Rose und
Dipl.-Ing. L. Rademacher, Max-Planck-Institut für Eisenforschung, Düsseldorf
Anwendung der Umwandlungsschaubilder auf Fragen der Werkstoffauswahl beim Schweißen und Flammhärten
1955. 51 Seiten, 25 Abb. DM 13,70

HEFT 205
Dr. Carl Schaarwächter, Laboratorium für Rostschutz und Oberflächentechnik, Düsseldorf
Über plastische Kupfer-Eisen-Phosphor-Legierungen
1956. 25 Seiten, 10 Abb., 10 Tabellen. DM 8,30

HEFT 227
Prof. Dr. phil. Franz Wever und Dr. Wolfgang Wepner, Max-Planck-Institut für Eisenforschung, Düsseldorf
Untersuchung der Alterungsneigung von weichen unlegierten Stählen durch Härteprüfung bei Temperaturen bis 300° C
1956. 24 Seiten, 20 Abb., 3 Tabllen. DM 7,95

HEFT 228
Prof. Dr. phil Franz Wever, Dr. phil. Walter Koch und Dr. rer. nat. Bernd Alexander Steinkopf, Max-Planck-Institut für Eisenforschung, Düsseldorf
Spektrochemische Grundlagen der Analyse von Gemischen aus Kohlenmonoxyd, Wasserstoff und Stickstoff
1956. 31 Seiten, 18 Abb., 1 Tabelle. DM 9,90

HEFT 229
Prof. Dr. phil. Franz Wever, Dr. phil Walter Koch und Dr.-Ing. Hanns Malissa, Max-Planck-Institut für Eisenforschung, Düsseldorf
Über die Anwendung disubstituierter Dithiocarbamate der analytischen Chemie
1955. 30 Seiten, 30 Abb., 5 Tabellen. DM 10,50

HEFT 230
Prof. Dr. phil. Franz Wever und
Dr. phil. Wolfgang Wepner, Max-Planck-Institut für Eisenforschung, Düsseldorf
Bestimmung kleiner Kohlenstoffgehalte im α-Eisen durch Dämpfungsmessung
1955. 19 Seiten, 5 Abb., 2 Tabellen. DM 7,70

HEFT 234
Dr.-Ing K. G. Speith und Dr.-Ing A. Bungeroth, Duisburg
Versuche zur Steigerung des Kokillen-Schluckvermögens beim Stranggießen von Stahl
1956. 15 Seiten, 5 Abb. DM 6,15

HEFT 244
Prof. Dr. phil. Franz Wever, Dr. phil. Walter Koch und Dr. Siegfried Eckhard, Max-Planck-Institut für Eisenforschung, Düsseldorf
Erfahrungen mit der spektrochemischen Analyse von Gefügebestandteilen des Stahles
1956. 22 Seiten, 8 Abb., 2 Tabellen. DM 7,80

HEFT 263
Prof. Dr. phil. Heinrich Lange und
Dipl.-Phys. Rudolf Kohlhaas, Institut für theoretische Physik der Universität Köln
Über die Wärmeleitfähigkeit von Stählen bei hohen Temperaturen: Teil I: Literaturbericht
1956. 37 Seiten, 26 Abb., 8 Tabellen. DM 10,70

HEFT 268
Prof. Dr.-Ing. G. Vogelpohl, VDI, Max-Planck-Institut für Strömungsforschung, Göttingen
Über die Tragfähigkeit von Gleitlagern und ihre Berechnung
1956. 66 Seiten, 24 Abb., 7 Tabellen. DM 16,85

HEFT 283
Prof. Dr.-phil Franz Wever und
Dr.-Ing. Werner Lueg, Max-Planck-Institut für Eisenforschung, Düsseldorf
Warmstauchversuche zur Ermittlung der Formänderungsfestigkeit von Gesenkschmiede-Stählen
1956. 31 Seiten, 19 Abb. DM 9,90

HEFT 288
Dr. phil Kurt Brücker-Steinkuhl, Düsseldorf
Anwendung mathematisch-statischer Verfahren in der Industrie
1956. 103 Seiten, 28 Abb., 14 Tabellen. Vergriffen

HEFT 290
Dr. rer. nat. Dietrich Horstmann, Max-Planck-Institut für Eisenforschung, Düsseldorf
I. Der verstärkte Angriff des Zinks auf Eisen im Temperaturgebiet um 500° C
II. Einfluß eines Antimongehaltes auf den Angriff von Zinkschmelzen auf Eisen
1956. 36 Seiten, 33 Abb., 3 Tabellen. DM 11,90

HEFT 291
Dr.-Ing. Hans-Joachim Wiester und
Dr. rer. nat. Dietrich Horstmann, Max-Planck-Institut für Eisenforschung, Düsseldorf
Der Angriff eisengesättigter Zinkschmelzen auf silizium- und manganhaltiges Eisen
1956. 40 Seiten, 45 Abb., 8 Tabellen. DM 12,60

HEFT 311
Prof. Dr. phil. Franz Wever und
Dr. phil. nat. Max Hempel, Düsseldorf
Dauerschwingfestigkeit von Stählen bei erhöhten Temperaturen
Teil I: Erkenntnisse aus bisherigen Dauerschwingversuchen in der Wärme
1956. 36 Seiten, 19 Abb., 2 Tabellen. DM 10,90

HEFT 312
Prof. Dr. phil. Franz Wever und
Dr. phil. nat. Max Hempel, Max-Planck-Institut für Eisenforschung, Düsseldorf
Dauerschwingfestigkeit von Stählen bei erhöhten Temperaturen
Teil II: Zug-Druck-Dauerschwingversuche an zwei warmfesten Stählen bei Temperaturen von 500 bis 650° C
1956. 36 Seiten, 20 Abb., 3 Tabellen. DM 13,—

HEFT 313
Prof. Dr. phil. Franz Wever, Dr. phil. Walter Koch und Dipl.-Phys. Helga Rohde, Max-Planck-Institut für Eisenforschung, Düsseldorf
Änderungen des Habitus und der Gitterkonstanten des Zementits in Chromstählen bei verschiedenen Wärmebehandlungen
1956. 76 Seiten, 29 Abb., 8 Tabellen. DM 20,90

HEFT 314
Prof. Dr. phil. Franz Wever,
Dr.-Ing. habil. Alfred Krisch und
Dr.-Ing. Hans-Joachim Wiester, Max-Planck-Institut für Eisenforschung, Düsseldorf
Veränderungen im Gefügeaufbau von Chrom-Nickel-Molybdän-Stählen bei langzeitiger Beanspruchung im Zeitstandversuch bei 500°
1956. 35 Seiten, 26 Abb., 5 Tabellen. DM 11,70

HEFT 315
Prof. Dr. phil. Franz Wever und
Dr.-Ing. habil. Alfred Krisch, Max-Planck-Institut für Eisenforschung, Düsseldorf
Metallkundliche Untersuchungen an Zeitstandproben
1956. 25 Seiten, 12 Abb. DM 9,15

HEFT 336
Dr. phil. Tung-ping Yao, Gießerei-Institut der Rhein.-Westf. Technischen Hochschule Aachen
Die Viskosität metallischer Schmelzen
1956. 53 Seiten, 28 Abb., 2 Tabellen. DM 14,40

HEFT 342
Prof. Dr.-Ing. Helmut Winterhager und
Dipl.-Ing. Wolfgang Barthel, Aachen
Die Gewinnung von Titan-Schlacken-Konzentraten aus eisenreichen Ilmeniten
1956. 47 Seiten, 30 Abb., 6 Tabellen. DM 13,30

HEFT 348
Prof. Dr.-Ing. Eugen Piwowarsky † und
Dr.-Ing. Ernst Günter Nickel, Gießerei-Institut der Rhein.-Westf. Technischen Hochschule Aachen
Metallurgie eines hochwertigen Gußeisens mit kompakter bis kugelförmiger Graphitausbildung
1956. 46 Seiten, 27 Abb., 5 Tabellen. DM 13,30

HEFT 349
Dr.-Ing. Wilhelm-Anton Fischer,
Dr.-Ing. Helmut Treppschuh und
Dr.-Ing. Karl Heinz Köthemann, Max-Planck-Institut für Eisenforschung, Düsseldorf
Tiegel aus Schmelzmagnesia für Vakuuminduktionsöfen
1957. 23 Seiten, 14 Abb. DM 8,40

HEFT 367
Dr. rer. nat. Dietrich Horstmann, Max-Planck-Institut für Eisenforschung, Düsseldorf
Der Angriff eisengesättigter Zinkschmelzen auf kohlenstoff-, schwefel- und phosphorhaltiges Eisen
1957. 42 Seiten, 22 Abb., 6 Tabellen. DM 12,85

HEFT 392
Prof. Dr. phil. Franz Wever,
Dr. phil. Walter Koch, Düsseldorf,
Dr.-Ing. Helmut Knüppel,
Dr. rer. nat. Bernd Alexander Steinkopf,
Dipl.-Ing. Karl Ernst Mayer und
Dipl.-Phys. Gert Wiethoff, Dortmund
Untersuchungen über den Konverterrauch im Hinblick auf die spektrale Überwachung des Thomasprozesses
1957. 36 Seiten, 14 Abb., 4 Tabellen. DM 12,10

HEFT 407
Prof. Dr.-Ing. Dr.-Ing. E. h. Hermann Schenk, Aachen und Dr.-Ing. Werner Wenzel, Bad Godesberg
Entwicklungsarbeiten auf dem Gebiete der Verhüttung von Erzstaub in Schmelzkammern
1957. 71 Seiten, 9 Abb., 18 Tabellen. DM 17,10

HEFT 408
Prof. Dr. phil. Franz Wever, Dr.-Ing. Werner Lueg und Dr.-Ing. Hans Günter Müller, Max-Planck-Institut für Eisenforschung, Düsseldorf
Kraft- und Arbeitsbedarf beim Warmscheren von Stahl in Abhängigkeit von Temperatur und Schnittgeschwindigkeit
1957. 33 Seiten, 15 Abb., 3 Tabellen. DM 11,35

HEFT 409
Prof. Dr. phil. Franz Wever,
Dr. phil. Walter Koch,
Dr. rer. nat. Christa Ilschner-Gensch und
Dipl.-Phys. Helga Rohde, Max-Planck-Institut für Eisenforschung, Düsseldorf
Das Auftreten eines kubischen Nitrids in aluminiumlegierten Stählen
1957. 26 Seiten, 12 Abb., 3 Tabellen. DM 10,10

HEFT 410
Prof. Dr. phil. Franz Wever,
Prof. Dr. rer. techn. Albert Kochendörfer,
Dr. phil. nat. Max Hempel und
Dipl.-Phys. Emil Hillenhagen, Max-Planck-Institut für Eisenforschung, Düsseldorf
Biegewechselversuche mit Flachproben aus Alpha-Eisen-Kristallen zur Bestimmung der Wechselfestigkeit und der Gleitspuren
1957. 100 Seiten, 58 Abb., 3 Tabellen. DM 30,—

HEFT 455
Dr.-Ing. Wilhelm Anton Fischer,
Dr.-Ing. Helmut Treppschuh und
Dipl.-Phys. Karl Heinz Köthemann, Max-Planck-Institut für Eisenforschung, Düsseldorf
Erschmelzung von Reinsteisen nach dem Kohlenstoffproduktionsverfahren und Kerbschlagzähigkeit-Temperatur-Kurven dieses Eisens
1957. 25 Seiten, 7 Abb., 6 Tabellen. DM 9,35

HEFT 456
Privatdozent Dr.-Ing. Karl Bungardt, Krefeld
Zeitstandversuche an austenitischen Stählen und Legierungen
1958. 23 Seiten und Anhang mit Abbildungen und Tafeln z. T. auf Falttafeln. DM 19,85

HEFT 457
Prof. Dr. phil. Franz Wever und
Dr. phil. Wolfgang Wepner, Max-Planck-Institut für Eisenforschung, Düsseldorf
Dämpfungsmessungen an schwach gereckten Eisen-Kohlenstoff-Legierungen
1957. 22 Seiten, 7 Abb., 3 Tabellen. DM 8,40

HEFT 458
Prof.-Ing. Dr.-Ing. E. h. Hermann Schenk und
Dr.-Ing. Eugen Schmidtmann, Aachen,
Dr.-Ing. Hans Kosmider, Dr.-Ing. Herbert Neuhaus und Dr.-Ing. Alfred Krüger, Haspe
Das Frischen von Thomas-Roheisen mit Sauerstoff-Wasserdampf-Gemischen und die Eigenschaften der damit erblasenen Stähle
1957. 50 Seiten, 56 Abb. DM 16,35

HEFT 459
Prof. Dr. phil. Franz Wever,
Dr. phil. Otto Krisement und Hanna Schädler, Max-Planck-Institut für Eisenforschung, Düsseldorf
Ein isothermes Mikrokalorimeter zur kinetischen Messung von Umwandlungs- und Ausscheidungsvorgängen in Legierungen
1957. 31 Seiten, 14 Abb. DM 10,75

HEFT 460
Prof. Dr. phil. Franz Wever und
Dr. rer. nat. Bernhard Ilschner, Max-Planck-Institut für Eisenforschung, Düsseldorf
Ein isothermes Lösungskalorimeter zur Bestimmung thermo-dynamischer Zustandsgrößen von Legierungen
1957. 31 Seiten, 7 Abb., 4 Tabellen. DM 10,40

HEFT 461
Prof. Dr.-Ing. habil. Eugen Piwowarsky †,
Prof. Dr.-Ing. Wilhelm Patterson und
Dipl.-Ing. Friedrich Wilhelm Iske, Gießerei-Institut der Rhein.-Westf. Technischen Hochschule Aachen
Verbesserung der Zähigkeitseigenschaften von Bessemer-Stahlguß
1957. 41 Seiten, 15 Abb., 16 Tabellen. DM 12,75

HEFT 492
Prof. Dr. phil. Josef Meixner und
Dr. rer. nat. Bruno Manz, Institut für theoretische Physik der Rhein.-Westf. Technischen Hochschule Aachen
Zur Theorie der irreversiblen Prozesse in α-Eisen
1958. 10 Seiten, 1 Abb. DM 5,70

HEFT 519
Prof. Dr. phil. Franz Wever,
Dr. phil. Walter Koch und
Dr. phil. Siegfried Eckhard, Max-Planck-Institut für Eisenforschung, Düsseldorf
Die spektrographische Bestimmung der Spurenelemente in Stahl ohne vorherige Abbrennung
1958. 36 Seiten, 22 Abb. DM 12,60

HEFT 542
Dr. phil. nat. Gerhard Zapf, Schwelm
Entwicklung eines Verfahrens zur Herstellung von Formteilen aus Sintermessing
1958. 43 Seiten, 23 Abb., 7 Tabellen. DM 15,15

HEFT 552
Dr.-Ing. Gerhard Leiber und
Dipl.-Ing. Dieter Schauwinhold, Duisburg-Hamborn
Versuche zur Erzeugung halbberuhigten Stahles
1958. 28 Seiten, 23 Abb., 6 Tabellen. DM 11,30

HEFT 562
Prof. Dr.-Ing. Dr.-Ing. E. h. Hermann Schenck,
Prof. Dr. phil. habil. Norbert G. Schmahl und
Dr.-Ing. Götz Funke, Institut für Eisenhüttenwesen der Rhein.-Westf. Technischen Hochschule Aachen
Die Reduzierbarkeit von Eisenerzen
1958. 101 Seiten, 89 Abb., 10 Tabellen. DM 29,25

HEFT 573
Prof. Dr. phil. Franz Wever,
Dr. rer. nat. Werner Jellinghaus und
Dr.-Ing. Toshimori Shuin, Max-Planck-Institut für Eisenforschung, Düsseldorf
Gemischt-keramische Sinterwerkstoffe aus Aluminiumoxyd und Eisen oder Eisenlegierungen
1958. 76 Seiten, 39 Abb., 17 Tabellen. DM 22,65

HEFT 586
Dr.-Ing. Wilhelm Anton Fischer und
Dr. rer. nat. Alfred Hoffmann, Max-Planck-Institut für Eisenforschung, Düsseldorf
Verhalten von Eisen- und Stahlschmelzen im Hochvakuum
1958. 41 Seiten, 10 Abb., 13 Tabellen. DM 14,50

HEFT 597
Prof. Dr. phil. Franz Wever,
Dr. phil. Wilhelm Wink und
Dr. rer. nat. Werner Jellinghaus, Max-Planck-Institut für Eisenforschung, Düsseldorf
Suszeptibilitätsmessungen an hochwarmfesten Legierungen auf Nickel-Chrom- und Kobalt-Nickel-Chrom-Grundlage
1958. 34 Seiten, 10 Abb., 5 Tabellen. DM 12,—

HEFT 599
Prof. Dr. phil. Walter Koch und
Dipl.-Phys. Dr. phil. Heinz Sundermann, Max-Planck-Institut für Eisenforschung, Düsseldorf
Elektrochemische Grundlagen der Isolierung von Gefügebestandteilen in metallischen Werkstoffen
1958. 50 Seiten, 26 Abb., 2 Tabellen. DM 17,60

HEFT 600
Prof. Dr. phil. Walter Koch, Dr. phil. Siegfried Eckhard und Dr. rer. nat. Friedrich Stricker, Max-Planck-Institut für Eisenforschung, Düsseldorf
Die lichtelektrische Spektralanalyse der Gase im Stahl
1958. 53 Seiten, 27 Abb., 9 Tabellen. DM 15,10

HEFT 620
Dr. rer. nat. Dietrich Horstmann, Max-Planck-Institut für Eisenforschung und Gemeinschaftsausschuß Verzinken, Düsseldorf
Der Einfluß von Aluminium im Eisen- und im Zinkbad auf den Zinkangriff
1958. 29 Seiten, 17 Abb., 3 Tabellen. DM 9,40

HEFT 628
Dipl.-Ing. Walter Panknin und
Dipl.-Ing. Wolfgang Möhrlin, Verein Deutscher Ingenieure ADB, Düsseldorf
Die Ermittlung der Fließkurven von Schraubenwerkstoffen *1958. 20 Seiten, 8 Abb. DM 6,40*

HEFT 630
Prof. Dr. phil. Walter Koch und
Dr. techn. Dipl.-Ing. Hanns Malissa, Max-Planck-Institut für Eisenforschung, Düsseldorf
Beiträge zur Spurenanalyse im Reinsteisen
1958. 25 Seiten, 8 Tabellen. DM 7,60

HEFT 644
Prof. Dr.-Ing. Franz Bollenrath, Institut für Werkstoffkunde an der Rhein.-Westf. Technischen Hochschule Aachen
Untersuchung einiger mechanischer Eigenschaften von Sinteraluminium S. A. P. und S. A. P.-Avional
1958. 24 Seiten, 26 Abb. DM 8,10

HEFT 697
Prof. Dr.-Ing. Theodor Gast,
Dr.-Ing. Karl-Max Frhr. v. Meysenburg und
Prof. Dr.-Ing. Otto Krischer, Technische Hochschule Darmstadt
Untersuchung über die Erwärmungsvorgänge bei der Verarbeitung härtbarer und thermoplastischer Kunststoffe
1959. 91 Seiten, 34 Abb., 4 Tabellen. DM 16,90

HEFT 706
Prof. Dr.-Ing. Dr.-Ing. E. h. Hermann Schenck und Dr.-Ing. Hans Esch, Institut für Eisenhüttenwesen der Rhein.-Westf. Technischen Hochschule Aachen
Zur Untersuchung der Hochofenvorgänge
1959. 32 Seiten, 23 Abb. DM 9,90

HEFT 737
Prof. Dr.-Ing. habil. Karl Krekeler,
Dr.-Ing. Heinz Peukert und Dipl.-Ing. Josef Eilers, Institut für Kunststoffverarbeitung an der Rhein.-Westf. Technischen Hochschule Aachen
Festigkeitsuntersuchungen an Rohren aus Thermoplasten
1959. 66 Seiten, 84 Abb. DM 19,40

HEFT 748
Prof. Dr. phil. nat. habil. Hans-Ernst Schwiete,
Dr.-Ing. Harald Knoblauch und
Dr. rer. nat. Günther Ziegler, Institut für Gesteinshüttenkunde der Rhein.-Westf. Technischen Hochschule Aachen
Die Hydratation der Verbindungen 3 CaO · SiO_2 und ß-2 CaO · SiO_2
1959. 56 Seiten, 22 Abb., 14 Tabellen. DM 15,70

HEFT 780
Prof. Dr. phil. Franz Wever,
Dr.-Ing. Werner Lueg und Dr.-Ing. Paul Funke, Max-Planck-Institut für Eisenforschung, Düsseldorf
Untersuchung von Walzöl und Walzölemulsionen im Kaltwalzversuch
1959. 68 Seiten, 28 Abb., mehr. Tabellen. DM 18,50

HEFT 788
Prof. Dr.-Ing. Herwart Opitz, Laboratorium für Werkzeugmaschinen und Betriebslehre an der Rhein.-Westf. Technischen Hochschule Aachen
Der Einsatz radioaktiver Isotope bei Zerspanungsuntersuchungen
1959. 35 Seiten, 23 Abb. DM 11,30

HEFT 797
Prof. Dr. phil. Heinrich Lange und
Dr. rer. nat. Rudolf Kohlhaas, Institut für theoretische Physik der Universität Köln
Über die wahre spezifische Wärme von Eisen, Nickel und Chrom bei hohen Temperaturen
Neue Verfahren zur Messung der wahren spezifischen Wärme von Metallen bei hohen Temperaturen
1960. 115 Seiten, 38 Abb., 24 Tabellen. DM 31,20

HEFT 798
Dr. rer. nat. Karl Wassmann, Mönchengladbach
Einfluß der Schutzgasatmosphäre auf die Eigenschaften von Sinterstahl
1959. 94 Seiten, 65 Abb., 19 Tabellen. DM 27,—

HEFT 799
Dipl.-Ing. Helmut Weiss, Frankfurt a. M.
Aufkohlung und Härtung von Sintereisen-Werkstoffen
1960. 61 Seiten, 56 Abb., 2 Tabellen. DM 18,80

HEFT 800

Dipl.-Ing. Otto Schindler, Lehrstuhl für Stahlbau, Technische Hochschule Hannover

Untersuchungen an geschweißten Hüttenkranen Ein Beitrag zur Berechnung dünnwandiger Hohlkästen

1959. 46 Seiten, 14 Abb., 2 Tabellen. DM 13,20

HEFT 801

Baurat Dipl.-Ing. Waldemar Gesell, Staatliche Ingenieurschule für Maschinenwesen, Duisburg

Ersatz von Quarzsand als Strahlmittel

1960. 66 Seiten, 12 Abb., 4 Tabellen. 17 Diagramme. DM 18,90

HEFT 833

Prof. Dr.-Ing. Helmut Winterhager und Dr.-Ing. Dan Hubert Hermes, Institut für Metallhüttenwesen und Elektrometallurgie der Rhein.-Westf. Technischen Hochschule Aachen

Anodennebenreaktionen bei der Silberraffinationselektrolyse

1960. 55 Seiten, 21 Abb., 10 Tabellen. DM 15,60

HEFT 834

Prof. Dr.-Ing. Helmut Winterhager und Dr.-Ing. Klaus Reiprich, Institut für Metallhüttenwesen und Elektrometallurgie der Rhein.-Westf. Technischen Hochschule Aachen

Studie über den Glänzabbau des Reinstaluminiums in Flußsäure enthaltenden chemischen Glänzbädern

1960. 92 Seiten, 88 Abb., 7 Tabellen. DM 27,30

HEFT 840

Prof. Dr. phil. Franz Wever, Dr.-Ing. Hans-Günter Müller und Dr.-Ing. Paul Funke, Max-Planck-Institut für Eisenforschung, Düsseldorf

Versuchsmäßige und rechnerische Bestimmung von Walzkraft und Drehmoment unter Einwirkung von Bandzugspannungen beim Kaltwalzen von Bandstahl

1960. 36 Seiten, 12 Abb., 3 Tafeln. DM 10,90

HEFT 841

Dr. rer. nat. Hubert Blanck, Max-Planck-Institut für Eisenforschung, Düsseldorf

Untersuchungen zur Kinetik des Martensitzerfalls

1960. 33 Seiten, 11 Abb., 2 Tabellen. DM 10,30

HEFT 849

Direktor Ludwig Martin, Wuppertal-Elberfeld und Friedrich Steiner, Ratingen

Weiterentwicklung von Friktionswerkstoffen

1960. 66 Seiten, 70 Abb., 3 Tabellen. DM 20,50

HEFT 939

Prof. Dr.-Ing. habil. Wilhelm Petersen und Dipl.-Ing. Hans Mingenbach, Dozentur für Brikettierung der Rhein.-Westf. Technischen Hochschule Aachen

Untersuchungen über die Herstellung von Erzbriketts

1961. 83 Seiten, 67 Abb., 2 Tabellen. DM 25,60

HEFT 957

Prof. Dr.-Ing. Dr.-Ing. E. h. Hermann Schenck, Prof. Dr.-Ing. Eugen Schmidtmann und Dr.-Ing. Helmut Brandis, Institut für Eisenhüttenwesen der Rhein.-Westf. Technischen Hochschule Aachen

Mechanische und physikalische Prüfverfahren zur Ermittlung der Vorgänge bei der Abschreck- und Verformungsalterung

1961. 47 Seiten, 34 Abb. DM 14,90

HEFT 958

Prof. Dr.-Ing. Dr.-Ing. E. h. Hermann Schenck, Prof. Dr.-Ing. Eugen Schmidtmann und Dr.-Ing. Heinz Müller, Institut für Eisenhüttenwesen der Rhein.-Westf. Technischen Hochschule Aachen

Untersuchungen zur Isolierung von Einschlüssen und Korngrenzensubstanzen in Eisenwerkstoffen nach dem Dünnschliffverfahren. Innere Oxydation von Eisenlegierungen

1961. 50 Seiten, 33 Abb., 2 Tabellen. DM 15,90

HEFT 961

Prof. Dr.-Ing. Wilhelm Patterson und Dr.-Ing. Dietmar Boenisch, Gießerei-Institut der Rhein.-Westf. Technischen Hochschule Aachen

Eigenschaften und Eigenschaftsänderungen der Tonmineralien in Formsanden

1961. 33 Seiten, 16 Abb. DM 10,90

HEFT 962

Prof. Dr.-Ing. Wilhelm Patterson und Dr.-Ing. Philipp Schneider, Gießerei-Institut der Rhein.-Westf. Technischen Hochschule Aachen

Untersuchungen über die Oberflächenfeingestalt von Gußstücken

1961. 69 Seiten, 52 Abb., 1 Bildtafel. DM 20,80

HEFT 963

Prof. Dr.-Ing. Wilhelm Patterson und Dr.-Ing. Wilhelm Weskamp, Gießerei-Institut der Rhein.-Westf. Technischen Hochschule Aachen

Versuche zur Steigerung der Temperatur in der Schmelzzone des Kupolofens und zur Erzielung eines optimalen thermischen Wirkungsgrades durch Verwendung von HC-Koks in unterschiedlicher Stückgröße

1961. 87 Seiten, 29 Abb., 30 Tabellen. DM 28,30

HEFT 964

Prof. Dr.-Ing. Wilhelm Patterson und Dr.-Ing. Friedrich Iske, Gießerei-Institut der Rhein.-Westf. Technischen Hochschule Aachen

Zusammenhang zwischen den mechanischen Eigenschaften im Gußstück und im getrennt gegossenen Probestab

1961. 82 Seiten, 53 Abb., 13 Tabellen. DM 23,80

HEFT 968

Prof. Dr.-Ing. habil. Anton Königer †, Institut für Gießereikunde der Technischen Universität Berlin

Zur Kenntnis der Passivierbarkeit und Korrosionsbeständigkeit technischer Eisensorten

1961. 25 Seiten, 7 Abb., 8 Tabellen. DM 8,90

HEFT 969
Prof. Dr. phil. Erich Scheil, Düsseldorf
Über den Zustand von Metallschmelzen
1961. 37 Seiten, 23 Abb., 2 Tabellen. DM 11,90

HEFT 970
Prof. Dr.-Ing. Anton Königer † und
Dipl.-Ing. Günther Kuhl, Institut für Gießereikunde der Technischen Universität Berlin
Der Einfluß verschiedener Begleit- und Legierungselemente auf das Viskositätsverhalten von Gußeisenschmelzen
1961. 26 Seiten, 14 Abb., 6 Tabellen. DM 8,60

HEFT 1016
Dr. rer. nat. W. Jellinghaus, Max-Planck-Institut für Eisenforschung, Düsseldorf
Sinterwerkstoffe aus Nickel oder Nickelaluminid mit Aluminiumoxyd
1961. 33 Seiten, 22 Abb., 6 Tabellen. DM 13,50

HEFT 1057
Prof. Dr.-Ing. Dr.-Ing. E. h. Hermann Schenck,
Dr.-Ing. Werner Wenzel und
Dr.-Ing. Hanns-Dieter Butzmann, Institut für Eisenhüttenwesen der Rhein.-Westf. Technischen Hochschule Aachen
Die Reduktion von Eisenerzen im heterogenen Wirbelbett
1961. 87 Seiten, 32 Abb., 5 Tabellen. DM 28,20

HEFT 1067
Prof. Dr.-Ing. Dr.-Ing. E. h. Hermann Schenck und
Dr.-Ing. Klaus-Dieter Unger, Institut für Eisenhüttenwesen der Rhein.-Westf. Technischen Hochschule Aachen
Versuche zur Bestimmung von Verunreinigungen in Metallen; insbesondere von Oxyden und Oxydverbindungen in technischen Stählen
1962. 34 Seiten, 10 Abb., 3 Tabellen. DM 13,40

HEFT 1068
Prof. Dr.-Ing. Dr.-Ing. E. h. Hermann Schenck,
Dr.-Ing. Werner Wenzel, Dr.-Ing. Günter Lindelar,
Prof. Dr.-Ing. Rudolf Spolders und
Dr.-Ing. Hilmar Weidenmüller, Institut für Eisenhüttenwesen der Rhein.-Westf. Technischen Hochschule Aachen
Der Einfluß des Schwefels und der Kohlenoxydspaltung auf den Hochofenprozeß
1962. 222 Seiten, 99 Abb., 51 Tabellen. DM 49,50

HEFT 1083
Prof. Dr.-Ing. Franz Bollenrath und
Ahmed Ali Salem El-Sabbagh, Institut für Werkstoffkunde der Rhein.-Westf. Technischen Hochschule Aachen
Untersuchungen über die Warmfestigkeit von Hartlötverbindungen
1963. 80 Seiten, 88 Abb., 7 Tabellen. DM 59,40

HEFT 1092
Prof. Dr.-Ing. habil. Anton Königer † und
Dr.-Ing. Manfred Odendahl, Institut für Gießereikunde der Technischen Universität Berlin
Der Einfluß von Oxyden auf die Viskosität von reinen Eisen-Kohlenstoff-Silizium-Legierungen
1962. 23 Seiten, 9 Abb. DM 10,40

HEFT 1093
Dr.-Ing. Wolf Dieter Röpke und
Dr.-Ing. Abbas Sabé, Institut für Gießereikunde der Technischen Universität Berlin
Das Fließvermögen und die Warmrißneigung von Stahl mit besonderer Berücksichtigung des Einflusses von hohen Molybdängehalten
1962. 37 Seiten, 21 Abb., 4 Tabellen. DM 17,—

HEFT 1094
Prof. Dr.-Ing. habil. Anton Königer † und
Prof. Dr. phil. Emanuel Pfeil, Institut für Gießereikunde der Technischen Universität Berlin
Versuche zur Entwicklung von Korrosions-Prüfmethoden
1962. 23 Seiten, 7 Abb., 3 Tabellen. DM 10,80

HEFT 1113
Dr. rer. nat. Wolfgang Pitsch, Max-Planck-Institut für Eisenforschung, Düsseldorf
Die kristallographischen Eigenschaften der Nitridausscheidungen im α-Eisen
1962. 21 Seiten, 8 Abb., 3 Tabellen. DM 11,—

HEFT 1114
Dipl.-Chem. Dr. phil. Siegfried Eckhard und
Dipl.-Phys. Walter Baum, Max-Planck-Institut für Eisenforschung, Düsseldorf
Über ein physikalisches Verfahren zur Bestimmung des Wasserstoffs im ternären Gemisch mit Stickstoff und Kohlenmonoxyd
1962. 63 Seiten, 31 Abb. DM 39,80

HEFT 1122
Prof. Dr.-Ing. Dr.-Ing. E. h. Hermann Schenck,
Dozent Dr.-Ing. Werner Wenzel und
Dr.-Ing. Günther Dietrich, Institut für Eisenhüttenwesen der Rhein.-Westf. Technischen Hochschule Aachen
Reaktionskinetische Betrachtung des Sintervorganges und Möglichkeiten zur Leistungssteigerung. Entwicklung eines Schachtsinterverfahrens
1962. 93 Seiten, 24 Abb., 5 Tabellen. DM 44,50

HEFT 1158
Dr.-Ing. habil. Alfred Krisch, Max-Planck-Institut für Eisenforschung, Düsseldorf
Über die Extrapolation von Zeitstandversuchen
1963. 31 Seiten, 13 Abb., 2 Tabellen. DM 17,50

HEFT 1190
Prof. Dr.-Ing. Max Vater und Dipl.-Ing. Otto Schulte, Institut für Bildsame Formgebung der Rhein.-Westf. Technischen Hochschule Aachen
Die Formänderungsfestigkeit von Metallen
In Vorbereitung

HEFT 1191
Prof. Dr.-Ing. habil. Anton Königer †,
Dr.-Ing. Manfred Odendahl und Eberhard Pahl, Institut für Gießereikunde der Technischen Universität Berlin
Über die Bildsamkeit von tongebundenen Formsanden
1963. 33 Seiten, 21 Abb., 4 Tabellen. DM 18,—

HEFT 1192
Prof. Dr.-Ing. habil. Anton Königer † und
Dr.-Ing. Peter R. Sahm, Institut für Gießereikunde der Technischen Universität Berlin
Das Fließvermögen reiner und sauerstoffhaltiger Kupferschmelzen
1963. 47 Seiten, 38 Abb. 3 Tabellen. DM 31,80

HEFT 1193
Prof. Dr.-Ing. Helmut Winterhager und
Dr.-Ing. Reinhard K. Buchner, Institut für Metallhüttenwesen und Elektrometallurgie der Rhein.-Westf. Technischen Hochschule Aachen
Beitrag zum experimentellen Problem der Messung schneller Elektrodenvorgänge
1963. 40 Seiten, 14 Abb. DM 17,—

HEFT 1194
Dr. rer. nat. Werner Jellinghaus, Max-Planck-Institut für Eisenforschung, Düsseldorf
Beiträge zur Konstitution metallischer Stoffe durch Suszeptibilitätsmessungen
1963. 25 Seiten, 8 Abb., 3 Tabellen. DM 14,—

HEFT 1253
Dipl.-Ing. Alfred Puck, Dipl.-Ing. Horst Wurtinger, Deutsches Kunststoffinstitut, Darmstadt
Werkstoffgemäße Dimensionierungs-Größen für den Entwurf von Bauteilen aus kunstharzgebundenen Glasfasern
Teil I und II
1963. 149 Seiten, 73 Abb., 8 Tabellen. DM 76,—

HEFT 1305
Dr. phil. Hermann Möller und
Dipl.-Phys. Helmut Weeber, Max-Planck-Institut für Eisenforschung, Düsseldorf
Die Bildgüte bei der Durchstrahlung von Werkstoffen mit Röntgen- oder Gammastrahlen von 0,1 bis 31 MeV
1963. 69 Seiten, 40 Abb., 2 Tabellen. DM 32,90

HEFT 1344
Prof. Dr.-Ing. Dr.-Ing. E. h. Hermann Schenck, Dozent Dr.-Ing. Werner Wenzel,
Dr.-Ing. Hans D. Kluger, Institut für Eisenhüttenwesen der Rhein.-Westf. Technischen Hochschule Aachen
Über das Reduktionsverhalten eisenoxydhaltiger Schlacken
1964. 91 Seiten, 60 Abb., 6 Tabellen im Anhang. DM 44,—

HEFT 1355
Dr.-Ing. habil. Alfred Krisch, Max-Planck-Institut für Eisenforschung, Düsseldorf
Kriechverhalten, Gefügeänderung und Risse bei mehrjährigen Zeitstandversuchen
1964. 27 Seiten, 17 Abb., 6 Tabellen. DM 14,80

HEFT 1379
Dr. phil. nat. Max Hempel, Max-Planck-Institut für Eisenforschung, Düsseldorf
Dauerschwingfestigkeit bei 20 und 500° C von Stählen mit niedrigem Kohlenstoffgehalt und verschiedenen Titan-Zusätzen
1964. 58 Seiten, 27 Abb., 12 Tabellen. DM 34,—

HEFT 1384
Dr. rer. nat. Hans-Jürgen Engell, Dr. rer. nat. Anton Bäumel und Dr. rer. nat. Konrad Bohnenkamp, Max-Planck-Institut für Eisenforschung, Düsseldorf
Die Spannungsrißkorrosion von Weicheisen in Kalzium-Nitratlösungen
1964. 46 Seiten, 27 Abb., 2 Tabellen. DM 25,50

HEFT 1385
Prof. Dr.-Ing. Helmut Winterhager und Dr.-Ing. Roland Kammel, Institut für Metallhüttenwesen und Elektrometallurgie der Rhein.-Westf. Technischen Hochschule Aachen
Über die elektrochemischen Grundlagen der Zinkchlorid-Schmelzflußelektrolyse
1964. 52 Seiten, 22 Abb., 24 Tabellen. DM 25,50

HEFT 1387
Dipl.-Chem. Wolfgang Werner, im Auftrage der Deutschen Industrie-Werke Aktiengesellschaft, Berlin-Spandau
Verbesserung der Eigenschaften von Sinterteilen durch Nachbehandlung (Oberflächenveredelung, Korrosionsschutz)

HEFT 1391
Dipl.-Phys. Dr. rer. nat. Ernst Wachtel und Dipl.-Phys. Erich Übelacker, Max-Planck-Institut für Metallforschung, Stuttgart, im Auftrage des Vereins Deutscher Gießereifachleute, Düsseldorf
Messung der Dichte und der magnetischen Suszeptibilität von Zinn-Zink-Legierungen
1964. 42 Seiten, 23 Abb., 4 Tabellen. DM 23,50

HEFT 1398
Prof. Dr.-Ing. Eberhard Schürmann und Dr.-Ing. Horst-Carsten Groth, Institut für Gießereiwesen der Bergakademie Clausthal, im Auftrage des Vereins Deutscher Gießereifachleute, Düsseldorf
Schmelzgleichgewichte im System Eisen-Schwefel-Kohlenstoff-Phosphor und Silizium bei 1400° C
1964. 31 Seiten, 6 Abb., 6 Tabellen. DM 15,50

HEFT 1403
Dr. phil. nat. Gerhard Zapf, Dipl.-Ing. Ulrich Völker und Ing. Rudolf Reinstadtler, im Auftrage der Forschungsgemeinschaft Pulvermetallurgie, Schwelm
Entwicklung von Fertigungsmethoden zur Erzeugung hochfester Sinterteile, Teil I und II
In Vorbereitung

HEFT 1414
Prof. Dr. phil. Walter Koch, Dipl.-Phys. Helga Kolbe-Rohde und Dr. rer. nat. Jürgen Dittmann, Max-Planck-Institut für Eisenhüttenwesen der Rhein.-Westf. Technischen Hochschule Aachen
Untersuchungen zur Kinetik der Karbidbildung in Chromstählen
1964. 21 Seiten, 6 Abb., 4 Tabellen. DM 12,—

HEFT 1415
Prof. Dr.-Ing. Dr.-Ing. E. h. Hermann Schenck, Dozent Dr.-Ing. Werner Wenzel und Dr.-Ing. Trimbak Herwadkar, Institut für Eisenhüttenwesen der Rhein.-Westf. Technischen Hochschule Aachen
Stückigmachung von Feinerz auf dem Wanderrost in Gemischen mit Feinkohle

HEFT 1416
Prof. Dr.-Ing. Dr. h. c. Herwart Opitz und Dipl.-Ing. H. H. Bech, Laboratorium für Werkzeugmaschinen und Betriebslehre der Rhein.-Westf. Technischen Hochschule Aachen, im Auftrage des Vereins Deutscher Gießereifachleute, Düsseldorf
Bearbeitung von Leichtmetallen

HEFT 1419
Prof. Dr. phil. Adolf Rose, Dr.-Ing. Hans Paul Hougardy und Dr.-Ing. Albert Klein, Max-Planck-Institut für Eisenforschung, Düsseldorf
Der Einfluß der Unterkühlung auf die Kristallisationsformen von voreutektoidisch ausgeschiedenen Phasen und von eutektoidischen Phasengemengen

HEFT 1420
Prof. Dr. phil. Erich Scheil† und Dr. rer. nat. Hans Leo Lukas, im Auftrage des Vereins Deutscher Gießereifachleute, Düsseldorf
Messung des Dampfdruckes von magnesiumhaltigen Gußeisenschmelzen
1964. 19 Seiten, 8 Abb. DM 12,—

HEFT 1428
Prof. Dr.-Ing. Max Vater, Dipl.-Ing. Gerhard Nebe und Dipl.-Ing. Ansgar Schütze, Institut für Bildsame Formgebung der Rhein.-Westf. Technischen Hochschule Aachen
Mechanische Entzunderung von Blechen und Bändern *In Vorbereitung*

HEFT 1447
Dr. phil. Wolfgang Wepner, Max Planck-Institut für Eisenforschung, Düsseldorf
Restwiderstandsmessungen an reinem Eisen
1964. 23 Seiten, 5 Abb., 2 Tabellen. DM 12,50

HEFT 1448
Dr. rer. nat. Ralf Damm und Dr. rer. nat. Ernst Wachtel, Max-Planck-Institut für Metallforschung, Stuttgart, im Auftrage des Vereins Deutscher Gießereifachleute, Düsseldorf
Magnetische Messungen und kinetische Versuche an flüssigen Wismut-Mangan-Legierungen
In Vorbereitung

HEFT 1474
Prof. Dr.-Ing. Max Vater, Dipl.-Ing. Gerhard Nebe und Dipl.-Ing. Ansgar Schütze, Institut für Bildsame Formgebung der Rhein.-Westf. Technischen Hochschule Aachen
Beitrag zur mechanischen Entzunderung von Draht
In Vorbereitung

HEFT 1482
Prof. Dr. Th. Heumann und R. Schürmann, Institut für Metallforschung der Universität Münster
Über die Beeinflussung der Passivierbarkeit aktiver Metalle durch Zulegieren von Chrom und Nickel
In Vorbereitung

HEFT 1487
Dr.-Ing. Werner Schwenzfeier und Dr.-Ing. Oskar Pawelski, Max-Planck-Institut für Eisenforschung, Düsseldorf
Glühversuche an Stahldrähten in verschiedenen Ofenatmosphären
In Vorbereitung

HEFT 1491
Prof. Dr.-Ing. Wilhelm Patterson, Prof. Dr.-Ing. Herwart Opitz und Dr.-Ing. Peter Copetti, Gießerei-Institut der Rhein.-Westf. Technischen Hochschule Aachen und Laboratorium für Werkzeugmaschinen und Betriebslehre der Rhein.-Westf. Technischen Hochschule Aachen
Zerspanbarkeit von Grauguß
In Vorbereitung

HEFT 1492
Dr. phil. nat. Max Hempel und Dr. rer. nat. Emil Hillnhagen, Max-Planck-Institut für Eisenforschung, Düsseldorf
Einfluß der Erschmelzungsart auf die Dauerschwingfestigkeit ungekerbter und gekerbter Proben eines Wälzlagerstahles
In Vorbereitung

HEFT 1495
Prof. Dr.-Ing. Wilhelm Patterson, Dr.-Ing. Helmut Brand und Dipl.-Ing. H. Traßl, Gießerei-Institut der Rhein.-Westf. Technischen Hochschule Aachen
Das Viskositätsverhalten flüssiger Bleilegierungen im Konzentrationsbereich der festen Löslichkeit
In Vorbereitung

HEFT 1496
Prof. Dr. phil. Karl Löhberg und Dipl.-Ing. Günther Kühl, Institut für Gießereikunde der Technischen Universität Berlin, im Auftrage des Vereins Deutscher Gießereifachleute, Düsseldorf
Einfluß von Magnesium und Cer auf die Viskosität behandelter Gußeisenschmelzen sowie Abbrand des Magnesiums und Änderung des Sauerstoffgehaltes in Abhängigkeit von der Abstehzeit
In Vorbereitung

HEFT 1502
Prof. Dr.-Ing. Wilhelm Patterson, Dr.-Ing. Walter Koppe und Dr.-Ing. Siegfried Engler, Gießerei-Institut der Rhein.-Westf. Technischen Hochschule Aachen
Untersuchungen zur Erstarrung und Speisung von Gußeisen

In Vorbereitung

HEFT 1503
Prof. Dr.-Ing. Max Vater Dipl.-Ing. Gerhard Nebe und Dipl.-Ing. Ansgar Schütze, Institut für Bildsame Formgebung, Aachen
Beitrag zur Prüfung metallischer Strahlmittel

In Vorbereitung

WESTDEUTSCHER VERLAG · KÖLN UND OPLADEN
567 Opladen/Rhld., Ophovener Straße 1–3

GPSR Compliance

The European Union's (EU) General Product Safety Regulation (GPSR) is a set of rules that requires consumer products to be safe and our obligations to ensure this.

If you have any concerns about our products, you can contact us on ProductSafety@springernature.com

In case Publisher is established outside the EU, the EU authorized representative is:

Springer Nature Customer Service Center GmbH
Europaplatz 3
69115 Heidelberg, Germany

Batch number: 10584556

Printed by Printforce, the Netherlands